Ihr Hobby

Griechische
Landschildkröten

Rainer Zirngibl

Ulmer

Inhaltsverzeichnis

Danksagung
Der Autor bedankt sich bei Herrn Karl-Heinz Reiser, Passau, für die Durchsicht des Manuskripts, Herrn Thomas Hägele, Aalen, für die Möglichkeit der Fotografie und bei allen anderen Personen, die zum Gelingen des Buchs mit Rat und Tat beigetragen haben.
Fachliche Durchsicht: Dr. sc. Dieter Schmidt, Schönow bei Berlin, und Dr. Jürgen Schmidt, Ruhmannsfelden.

Bildquellen
Titelfoto: shutterstock / Ed Phillips
Alle Fotos im Innenteil stammen von Rainer Zirngibl.

Die in diesem Buch enthaltenen Empfehlungen und Angaben sind vom Autor mit größter Sorgfalt zusammengestellt und geprüft worden. Eine Garantie für die Richtigkeit der Angaben kann aber nicht gegeben werden. Autor und Verlag übernehmen keinerlei Haftung für Schäden und Unfälle.

Bibliografische Information der Deutschen Nationalbibliothek
Die Deutsche Nationalbibliothek verzeichnet diese Publikation in der Deutschen Nationalbibliografie; detaillierte bibliografische Daten sind im Internet über http://dnb.d-nb.de abrufbar.

© 2008, 2015 Eugen Ulmer KG
Wollgrasweg 41, 70599 Stuttgart (Hohenheim)
E-Mail: info@ulmer.de
Internet: www.ulmer.de
Druck und Bindung: Westermann Druck, Zwickau
Printed in Germany

ISBN 978-3-8001-0328-7

Der Gedanke, eine Schildkröte im eigenen Haus zu haben, ist bestimmt schon von vielen Tierfreunden oft in Erwägung gezogen worden. Schauen Sie sich eine Schildkröte einmal genau an! Sehen Sie, wie schön sie ist und wie hübsch viele Arten gezeichnet sind? Schildkröten werden schon seit vielen Jahren gepflegt und nachgezüchtet. Zweifellos haben Schildkröten mittlerweile eine Popularität erreicht, die es notwendig macht, Aufklärung über die Pflege dieser urweltlich erscheinenden Panzerträger einem möglichst großen Kreis von Interessenten nahezubringen. Auch der Neueinsteiger in die Terraristik wird an Schildkröten viel Freude haben, wenn er sich zunächst ausreichend mit ihrer Lebensweise und ihren Pflegeansprüchen vertraut macht. Mit Hilfe dieses Buchs werde ich auf die Unterschiede der Unterarten der Griechischen Landschildkröte eingehen und damit hoffentlich allen Schildkrötenliebhabern und denen, die es werden wollen, nachvollziehbare Ratschläge für die Auswahl der richtigen Schildkröte und deren artgerechte und erfolgreiche Pflege geben.

Bedenken sollten Sie immer, egal welche Schildkröte sie auswählen, Sie müssen darauf vorbereitet sein, der Schildkröte gegenüber eine Verpflichtung einzugehen. Was nicht weniger bedeuten soll, als regelmäßig und gut für das Wohl des Tiers zu sorgen. Nur zu oft werden Tiere unüberlegt – aus einer Laune heraus – angeschafft, ohne dabei auf das Wohl des Tiers zu achten. Was geschieht mit ihm, wenn das anfäng-

Nachzuchttiere der Griechischen Landschildkröte im Terrarium des Verfassers.

liche Interesse nachläßt? Natürlich ist der Grund für die Pflege eines Heimtiers, daß wir Freude an ihm haben. Dies darf aber nicht der alleinige Grund sein. Das Wohlbefinden des gepflegten Tiers muß an erster Stelle stehen. Meine persönlichen Erfahrungen mit Tieren konnte ich schon in früher Kindheit sammeln. Ich kann mich nicht erinnern, daß es in meinem Elternhaus jemals eine Zeit ohne Heimtiere gegeben hätte. Mit uns lebten Hunde, Katzen, Vögel, verschiedene Nagetiere, Frösche, Eidechsen und natürlich Schildkröten. Letztere gesellten sich schon früh dazu und heute teile ich mit vie-len Tieren mein Leben und mein Haus. Die Schildkröten betrachte ich schon seit langem als meine liebsten Pfleglinge. In dieser Einleitung möchte ich betonen, daß die folgenden Seiten auf meinen Erfahrungen mit Schildkröten basieren. Die Tiere artgerecht zu halten, sie zu studieren und Erfahrungen zu sammeln, ist ein langwieriger Prozeß, in dem auch ich naturgemäß viele Fehler gemacht habe. Diese Fehler waren der Ansporn, immer mehr über die Pflege nachzu-

Jeder Betrachter dieser Griechischen Landschildkröte wird unschwer die Schönheit dieser so urweltlich anmutenden Tiere erkennen können. *Testudo hermanni hermanni*

denken, um in Zukunft Fehler zu vermeiden. Wer über lange Jahre Schildkröten hält, wird feststellen, daß auch diese oft als „langweilig" bezeichneten Kriech- tiere, auch von der gleichen Art, ganz unterschiedliche Charaktere aufweisen. Dem aufmerksamen Pfleger fallen diese oft sehr kleinen Unterschiede auf.

thode konnten in den letzten Jahren, mehr als 2000 junge Schildkröten das Licht des Lebens erblicken. Meine eigenen Erfahrungen und die befreundeter Schildkrötenpfleger lieferten die Grundlagen für das Zustandekommen dieses Buchs. Durch das Verschwinden der natürlichen Lebensräume verlieren viele Tierarten – darunter auch Schildkröten – ihre Lebensgrundlage. Deshalb wird es immer wichtiger, auch die als häufig geltenden Arten in menschlicher Obhut zu vermehren. Von der Griechischen Landschildkröte gibt es inzwischen ausreichend große Zuchtstämme, die eine Entnahme aus der freien Natur überflüssig machen. Ausgedehnte Nachzuchtprogramme – wie sie bereits in Italien (Massa Maritima, Toscana) und Frankreich (Gonfaron) praktiziert werden – sollen als Projekte zur Auswilderung und Wiederansiedlung in den ursprünglichen Lebensräumen dienen.

Niemals dürfen Sie aus dem Auge verlieren, daß Ihre Schildkröte, gleich, ob sie aus der Natur stammt oder nachgezüchtet wurde, ein „Wildtier" ist und nur als solches angesehen und behandelt werden darf – auch Nachzuchttiere, die immer unter Terrarienbedingungen lebten, haben immer noch die gleichen Ansprüche wie die Ausgangstiere, die einst aus ihrem natürlichen Lebensraum entnommen wurden. Es bleibt mir nur noch zu hoffen, daß Ihnen das Buch gefällt, die von mir gemachten Ausführungen für den Leser nachvollziehbar sind, und daß es zugleich eine Hilfe und ein Leitfaden für alle Schildkrötenliebhaber ist.

Dieses Buch soll dem Leser helfen, ein besseres Verständnis für diese liebenswerten Panzerträger zu erlangen. Mit der von mir vorgestellten Haltungsme-

Die Anschaffung und Auswahl

Grundsätzliche Überlegungen

In den letzten Jahren konnte ein deutlich steigender Trend in der Schildkrötenhaltung festgestellt werden. Von allen Reptilien sind Schildkröten wohl die beliebteste Gruppe. Es gibt viele Menschen, die vor Schlangen, Echsen und Panzerechsen eine Abneigung besitzen. Bei Schildkröten trifft dies im allgemeinen jedoch nicht zu, denn viele Menschen lassen sich vom urweltlichen Aussehen und vom ruhigen Verhalten dieser faszinierenden Reptilien begeistern. So kam es, daß noch vor 25 Jahren viele tausend Schildkröten jährlich ihrem natürlichen Lebensraum entnommen wurden. Von dort aus traten die Schildkröten unter jämmerlichen Bedingungen den Weg in Zoohandlungen und schließlich in unsere Wohnungen an.

Sie waren für ein paar Mark in fast jeder Zoofachhandlung zu erwerben. Die Schildkröten galten als unempfindliche und leicht zu haltende Tiere, welche von ihrem Pfleger nicht viel Aufmerksamkeit zu erwarten hatten. Viele dieser Tiere wurden für Kinder als Spielzeug erworben und auch genauso behandelt. So wird es auch wohl niemanden wundern, daß der Großteil dieser unter traurigen Bedingungen gehaltenen Schildkröten das erste Jahr in menschlicher Obhut nicht überlebte. Es sprach zu dieser Zeit niemand von Haltungsrichtlinien oder von Artenschutzbestimmungen. So wurden diese Schildkröten einfach auf dem Fußboden, in kleinen Pappschachteln oder in nicht den Bedürfnissen der Tiere entsprechenden zu dunklen oder zu kalten Ecken einer Wohnung oder eines Gartens gehalten. Wenn dann im Herbst die Temperaturen kühler wurden und die Schildkröten in die Winterruhe verbracht wurden, war ihr Schicksal in vielen Fällen schon besiegelt. Durch unsachgemäße Vorbereitung auf die Winterruhe und falsche Überwinterungsmethoden überlebte ein Großteil der Schildkröten den ersten Winter nicht. Dies wurde aber nicht als Tragödie empfunden, denn im Frühjahr konnte man sich in der Zoohandlung ja wieder eine oder mehrere Landschildkröten für wenig Geld kaufen. Aufklärungsarbeit wurde kaum geleistet und so wurden häufig die neu erworbenen und so robust wirkenden, aber vom Fang und Transport geschwächten Landschildkröten unter falschen Haltungsbedingungen wieder zu Tode gepflegt.

Natürlich gab es auch damals schon Spezialisten, welche die Schildkröten nicht nur über mehrere Jahre am Leben hielten, sondern auch zur Fortpflanzung brachten. Erst in jüngerer Zeit, als ein Importverbot auch für die Griechischen Landschildkröten verhängt wurde, bekam die Nachzucht große Bedeutung. Nachzuchttiere haben auch den Vorteil, nicht mehr an die Terrarienhaltung gewöhnt werden zu müssen, da sie ein Leben in der Natur nie kennengelernt haben.

Anschaffung

Wir haben Platz, um ein Terrarium aufzustellen und im Sommer die Tiere im Freiland unterzubringen, sei es auf einem sonnigen Balkon oder im Garten. Unsere Umgebung – die Hausverwaltung, Gemeinde, Nachbarn und natürlich der Rest der Familie – hat nichts dagegen. Wir wollen uns Zeit nehmen, wir wissen, daß Schildkröten viel Zeit kosten, aber auch viel Freude bringen können. Der Gedanke, eine oder mehrere Schildkröten anzuschaffen, taucht eines Tages in uns auf, wird bohrender und nimmt dann schließlich konkrete Formen an. Wir haben Vorstellungen, wie unser neuer Hausgenosse aussehen soll. Leider sind viele Schildkröten, welche uns optisch sehr gut gefallen, nicht leicht zu pflegen und sollten somit ausschließlich von erfahrenen Spezialisten gepflegt werden. Wir wünschen uns eine Schildkröte, die auch von Neulingen in diesem Hobby gepflegt und vielleicht auch nachgezogen werden kann. Ich kann Ihnen hier die Griechische Landschildkröte empfehlen, welche bei Einhaltung einiger grundsätzlicher Voraussetzungen auch von Anfängern in diesem schönen und interessanten Hobby erfolgreich gepflegt werden kann.

Nachdem sie sich zur Anschaffung von Schildkröten entschlossen haben, stellt sich vielleicht die Frage, woher sie diese beziehen können. Für Neueinsteiger kann die Anschaffung der gewünschten Tiere oftmals zum Problem werden. Zum einen haben viele Zoofachgeschäfte, in denen früher immer Schildkröten zum

Verkauf bereitgehalten wurden, die gesuchten Exemplare nicht mehr im Programm. Viele Zoohändler können die Schildkröten beschaffen, wobei dann allerdings die Möglichkeit des Aussuchens nicht mehr gegeben ist. Besser ist es, Zoogeschäfte zu suchen, die eine Terraristikabteilung führen. Solche Geschäfte halten oft Schildkrötennachzuchten zum Verkauf bereit und haben viel Erfahrung in der Haltung und Pflege dieser Tiere. Hier haben Sie auch die Möglichkeit, noch bestehende Fragen an Ort und Stelle mit einem Zoofachhändler Ihres Vertrauens zu besprechen. Dieser wird bestimmt wertvolle Tips zur Haltung geben können. Eine andere, oft übersehene Möglichkeit an die gewünschten Schildkröten zu kommen, sind die an vielen Orten ansässigen Aquarien- und Terrarienvereine. Hier können Sie vielleicht den Namen und die Adresse eines Züchters in Ihrer Nähe erhalten. So besteht die Möglichkeit, bei einem Züchter die Haltung in Terrarien, sei es im Freiland oder im Zimmer, mit eigenen Augen zu sehen und Antworten auf noch bestehende Fragen zu bekommen. Viele Züchter haben lange Wartelisten für Nachzuchttiere, aber mit etwas Glück sind Sie schon bald an der Reihe, oder der Schildkrötenzüchter verweist Sie an einen Terrarianer, der noch Tiere abzugeben hat. Oder sie kaufen sich ein Fachmagazin, das für jeden Schildkrötenfreund eine lehrreiche Bereicherung ist und suchen hier nach den gewünschten Tieren. Eine weitere Möglichkeit besteht durch eine Mitgliedschaft in einer Terrarianervereinigung wie der Deutschen Gesellschaft für Herpetologie und Terrarienkunde, kurz DGHT genannt. Hier erscheint vierteljährlich ein Anzeigenjournal, in welchem Halter von Terrarientieren jeglicher Art ihre Tiere zum Verkauf oder Tausch anbieten. Es dürfte nicht schwer sein, über dieses Anzeigenjournal einen Schildkrötenhalter in ihrer Nähe zu finden, von dem Sie die gesuchten Tiere erhalten können. Auf jeden Fall sollten Sie die Schildkröten selbst abholen und sich hierbei die Anlage des Terrarianers genau ansehen. Diese müssen den geforderten artenschutzrechtlichen Bestimmungen entsprechen und die Schildkröten müssen dort artgerecht untergebracht sein. Noch eine Bezugsquelle soll Ihnen nicht vorenthalten werden. Dies sind sogenannte Terrarien- und Reptilienbörsen, die immer häufiger abgehalten werden. Achten Sie hier besonders auf die rechtlichen Bestimmungen und die Legalität der Tiere. Erst später bemerkte Unstimmigkeiten bei den Tieren oder den dazu gehörenden Papieren (CITES- oder EU-Bescheinigungen mit der Genehmigung zur Vermarktung) lassen sich später nur schwer klären. In jedem Fall sind Nachzuchten gegenüber Wildfängen vorzu ziehen.

Überdenken Sie bitte vor dem Erwerb der Schildkröten noch einmal, ob sie jetzt und auch in Zukunft in der Lage sein werden, für die Tiere in angemessener Weise zu sorgen. Diese Geschöpfe zu pflegen, heißt für eine sehr lange Zeit die Verantwortung zu tragen. Es sind Grie-

Ein *Testudo hermanni boettgeri*-Pärchen im natürlichen Lebensraum.

chische Landschildkröten bekannt, die bereits länger als 40 Jahre in menschlicher Obhut gehalten werden. Ziel eines jeden Schildkrötenpflegers soll die Nachzucht der ihm anvertrauten Schildkröten sein. Deshalb möchte ich empfehlen, sich kein Einzeltier oder ein Sammelsurium verschiedener Arten anzuschaffen, sondern eine kleine Gruppe von drei bis sieben Schildkröten einer Art. Der Pflegeaufwand ist bei so einer Gruppe bestimmt nicht viel größer als bei einem Einzeltier. Außerdem ist die Möglichkeit, später ein harmonierendes Zuchtpaar zu bekommen, um ein Vielfaches größer.

Auswahlkriterien

Haben Sie Tiere gefunden, die Ihren Vorstellungen entsprechen, so ist es von großem Vorteil, in aller Ruhe die Schildkröten erst einmal genau zu beobachten. Fragen Sie den Verkäufer nach dem Alter der Tiere, die genaue deutsche und wissenschaftliche Bezeichnung und wie lange er diese besitzt. Es wäre auch von Vorteil, das Ursprungsland der Tiere oder bei Nachzuchten das der Elterntiere zu erfahren. Bitten Sie den Besitzer, einige Schildkröten anfassen zu dürfen, um diese genauer betrachten zu können. Handelt es sich um Jungtiere von ein bis

Die Auswahl einer kleinen Landschildkröte ist bestimmt nicht einfach. Hier ist ein Teil meiner Nachzuchttiere zu sehen. *T. hermanni hermanni, T. hermanni boettgeri* und *T. horsfieldii.*

zwei Jahren, wird der Panzer an der Unterseite (Plastron) noch nicht ganz erhärtet sein. Bei jüngeren Tieren bis etwa fünf Jahre ist der Bauchpanzer härter, aber noch etwas elastisch. Der Rückenpanzer (Carapax) soll glatt sein und darf an den Schildmittelpunkten (Areolen) keine Erhebungen oder andere Deformationen zeigen. Bei älteren Griechischen Schildkröten muß der ganze Panzer hart sein. Überprüfen sie nun Augen und Nase. Die Augen müssen klar sein, die Augenlider nicht angeschwollen und vor allem nicht eingefallen wirken. Die Nase muß frei und trocken sein und darf keinerlei Ausfluß zeigen. Atemgeräusche dürfen nicht zu hören sein und das Maul muß beim Atmen geschlossen bleiben. Bläschen vor Maul oder Nase weisen auf eine Erkrankung des Tiers hin. Kontrollieren Sie die Schildkröte auf äußere Verletzungen, welche frisch und nicht verheilt sind. Verheilte Verletzungen des Panzers oder der Haut haben keinen Einfluß auf den momentanen Gesundheitszustand der Schildkröte. Untersuchen Sie besonders die Beinhöhlen, den Hals und den Schwanzbereich auf sichtbare Verletzungen und abgestorbene Hautteile.

Zum Schluß werden noch die Nägel an den Beinen überprüft. Diese müssen fest sein und dürfen keine Eiterherde aufweisen. Entspricht alles den hier aufgeführten Anforderungen, wird die Schildkröte ins Terrarium zurückgesetzt und weiter beobachtet. Die Schildkröte muß einwandfrei laufen und dabei den Panzer hoch und waagrecht tragen. Bitten Sie den Besitzer, etwas Futter anzubieten, um sie vielleicht beim Fressen beobachten zu können. Erkundigungen über das erhaltene oder bevorzugte Futter und die bisherige Unterbringung sind sicherlich für die weitere Pflege von

Vorteil. Jeder verantwortungsbewußte Verkäufer von Schildkröten wird Ihnen diese Zeit zugestehen, damit Sie sich die Panzerträger in aller Ruhe ansehen und dann auswählen können. Haben Sie nun Tiere gefunden, die Ihren Vorstellungen entsprechen, muß Ihnen der Verkäufer noch ein für den Verkauf notwendiges Papier aushändigen. Dies sollte bei Nachzuchttieren ab 1997 eine EU-Bescheinigung und für ältere Tiere eine CITES-Bescheinigung sein. Diese Bescheinigungen müssen den Vermerk „Zur Vermarktung" tragen, oder eine separate Vermarktungsgenehmigung muß zusätzlich ausgehändigt werden.

Kinder und Schildkröten
Kinder sind nur dann für die Pflege unserer Schildkröten geeignet, wenn alle Anforderungen an eine art- und tiergerechte Haltung und, nicht zu vergessen, an die Hygiene erfüllt werden können. Kinder wollen häufig Schmusetiere, die oft angefaßt werden können, wozu sich Schildkröten aber in keinem Fall eignen. Anderenfalls sollten Sie überlegen, ob ein Meerschweinchen, ein Zwergkanninchen oder vielleicht eine Weiße Maus besser für Ihr Kind geeignet ist. Tiere dürfen keinesfalls als Ersatz für Spielzeug gelten. Mangelndes Verantwortungsbewußtsein und wenig Erfahrung im Umgang mit Tieren tragen dazu bei, daß sich viele Kinder nicht zur Pflege von Tieren eignen. Sehr schnell ist die anfängliche Begeisterung für die Tiere verschwunden. Klären Sie vor der Anschaffung einer Schildkröte ab, ob viel-

leicht eine Alternative in Form eines anderen Haustiers besteht. Einen Wellensittich, einen kleinen Hund oder eine Katze halte ich vor allem für ein im Umgang mit Tieren noch unerfahrenes Kind für besser geeignet. Natürlich kann diese Aussage nicht verallgemeinert werden, denn es gibt durchaus Kinder, welche den Wunsch besitzen, diese interessanten Kriechtiere lediglich zu beobachten, ohne sie unentwegt in die Hand nehmen zu wollen. Schildkröten sind sehr empfindliche Pfleglinge und Stürze auf den harten Zimmerboden oder aus größerer Höhe auf den Rasen werden wohl nur die wenigsten Tiere lange überleben. Das Kind sollte mindestens sieben oder acht Jahre alt sein und sich für diese ruhigen Krabbeltiere interessieren. Durch einen Besuch bei einem Schildkrötenpfleger können Sie vielleicht erkennen, ob das Kind die geforderten Pflegeanforderungen schon alleine bewältigen kann und die nötigen Voraussetzungen für die Pflege von Schildkröten mitbringt.
Vor allem müssen Sie aber den Platz und die Möglichkeit besitzen, eine oder mehrere Schildkröten artgerecht unterbringen zu können. Dazu gehören ein fachgerecht eingerichtetes Terrarium und natürlich ein Freilandaufenthalt während des Sommers. Zu Bedenken ist vor dem Anschaffen einer Schildkröte, daß diese sehr alt werden kann und bei häufig schnell schwindendem Interesse des Kindes der gesamte Pflegeaufwand Ihnen überlassen bleibt. Nicht zu unterschätzen ist der hygienische Aspekt.

Um unnötigen Stress beim Betrachten der Schildkrötenunterseite zu vermeiden, darf das Tier nicht völlig in Rückenlage gebracht werden.

Noch sehr kleine Kinder stecken häufig die Finger in den Mund. Lernen Sie bereits sehr kleinen Kindern, daß nach jedem Kontakt mit einem Tier die Hände peinlich genau mit Seife gewaschen werden müssen. Viele Kinder halten sich an diese Anweisungen. Es bleibt natürlich immer den Eltern überlassen, zu entscheiden, ob ihr Kind die nötige Verantwortung für die Pflege eines Tiers übernehmen kann. Ich möchte aber hier noch einmal mit Nachdruck betonen, daß Schildkröten keinesfalls als Spielzeug für Kinder geeignet sind.

Schildkröten sind kein Kinderspielzeug! Überlegen Sie vor dem Erwerb, ob Ihr Kind für die Pflege dieser Kriechtiere geeignet ist. Schildkröten wollen nicht ständig angefaßt werden.

Beschreibung und Erkennungsmerkmale der Unterarten

Testudo hermanni wird in zwei Unterarten unterteilt. Die östliche Unterart *T. hermanni boettgeri* und die westliche Unterart *T. hermanni hermanni* unterscheiden sich in vielen Punkten voneinander. Ich möchte mit der Beschreibung von *T. hermanni boettgeri* beginnen, denn es dürfte sich hier um die am meisten gehaltene Unterart handeln. Der Rückenpanzer (Carapax) ist meist hoch gewölbt und rundlich, aber auch flachere, längliche Individuen sind bekannt. Die Färbung ist bräunlich bis gelb oder olivfarben mit scharf abgesetzten schwarzen Flecken. Bei alten Tieren kann die Färbung auch verwaschen wirken. Der Bauchpanzer (Plastron) ist meist einheitlich hornfarben und weist an beiden Seiten der Mittelnaht nicht zusammenhängende schwarze Bänder oder einzelne Flecken auf. Die Armschilder des Plastrons sind an der Mittelnaht breiter als die der Beinschilder. Der Kopf weist häufig eine bräunliche bis schwarze Färbung auf und zeigt eine feine Beschuppung der Oberseite. Die Vorderfüße sind ebenfalls fein beschuppt und können auf deren Ober- und Unterseite gelbbraun gefärbt sein und schwarze Flecken aufweisen. In der Regel besitzen die Vorderbeine fünf

Krallen, welche an deren Basis häufig dunkel gefärbt sind. Die Hinterbeine wirken etwas plump und sind meist von bräunlicher bis gelblicher Färbung. Der kräftige Schwanz endet in einem Hornnagel, welcher bei älteren Männchen eine beachtliche Größe aufweisen kann. Bei weiblichen *T. hermanni boettgeri* ist

Oben: Carapaxansicht eines Männchens der östlichen Unterart *Testudo hermanni boettgeri.*

Mitte: Plastronansicht des gleichen Tiers, zu beachten sind die unterbrochenen schwarzen Bänder.

Kopfstudie einer *Testudo hermanni boettgeri*. Der gelbe Unteraugenfleck fehlt bei dieser Unterart.

dieser Hornnagel wesentlich kleiner und häufig leicht nach innen gebogen. Das Oberschwanzschild ist meist geteilt, es sind aber auch Populationen mit häufig ungeteiltem Oberschwanzschild bekannt. Die Endgröße in freier Wildbahn lebender Tiere dürfte sich auf etwa 20 bis 25 cm belaufen, wobei diese Angaben sich auf weibliche *T. hermanni boettgeri* beziehen. Die Männchen bleiben meist etwas kleiner und sind mit 18 bis 22 cm Stockmaß als aus-gewachsen zu be-zeichnen.

Es sind in verschie-denen Verbrei-tungsgebieten auch Populationen be-kannt, welche mit 17 cm für Weibchen und 12 cm für Männ-chen als ausgewach-sen gelten. Bei in menschlicher Ob-

hut aufgezogenen Tieren sind wahre Riesen bekannt geworden. Größenan-gaben bis zu 35 cm Stockmaß und eine Körpermasse von mehr als 5 kg lassen jedoch auf eine falsche, nicht artge-rechte Haltung und Ernährung schlie-ßen. Das Wesen von *T. hermanni boett-geri* würde ich im Vergleich zu *T. herman-ni hermanni* als wesentlich unru- higer bezeichnen. Das Verbreitungsgebiet

erstreckt sich über das ehemalige Jugoslawien, Albanien, Rumänien, Bulgarien, Griechenland, Sizilien und Süditalien.
Die westliche Unterart *Testudo hermanni hermanni*, wurde früher als *T. hermanni robertmertensi* bezeichnet. Diese Unterart dürfte bei Schildkrötenpflegern wesentlich seltener angetroffen werden. Der Carapax ist hochgewölbt und die Färbung kann als deutlich intensiver bezeichnet werden. Der gelbe Farbton tritt wesentlich stärker hervor und kontrastiert sehr schön mit den schwarzen Flecken des Rückenpanzers. Bei alten Tieren kann die Zeichnung des Rückenpanzers verwaschen wirken, aber die Intensität der Gelbtöne bleibt meist erhalten. Das Plastron weist zwei zusammenhängende schwarze Bänder zu bei-

Oben: Männliche *Testudo hermanni hermanni* beim Sonnenbaden.

Mitte: Deutlich sind die durchgehenden schwarzen Bänder des Plastrons zu erkennen. Links Weibchen, rechts Männchen der westlichen Unterart.

Kopfstudie einer *T. hermanni hermanni*. Gut zu erkennen ist der gelbe Fleck unter dem Auge.

Jungtier von *Testudo hermanni hermanni*. Zu bemerken sind die hellen Krallen und die gelbe Unterseite der Vorderbeine.

den Seiten der Plastronmittelnaht auf. Die Armschilder sind an der Mittelnaht schmäler als die der Beinschilde. Der Kopf ist oliv bis gelblich gefärbt und weist vereinzelt dunkle Flecken auf. Auf der Wange befindet sich häufig ein gelber Fleck (Subokularfleck), der aber nicht in jedem Fall vorhanden sein muß. Es sind Individuen bekannt, die diesen Fleck, der für diese Unterart als maßgeblich bezeichnet wird, nicht besitzen, aber trotzdem einwandfrei dieser Unterart zugeordnet werden können. Die Vorderfüße weisen in der Regel an deren Unterseite

keine schwarze Pigmentierung auf, dies kann somit als zusätzliches Unterscheidungsmerkmal besonders bei Jungtieren Anwendung finden. Die Krallen der Vorderbeine sind an deren Basis in den meisten Fällen hell gefärbt, was zumindest bei Tieren aus der Toscana zutrifft. Bei *T. hermanni hermanni* aus Südfrankreich, Balearen und Sardinien muß dieses Unterscheidungsmerkmal nicht immer zutreffen. Der Schwanz ist gelb, bei Männchen wesentlich größer ausgebildet und besitzt ebenfalls einen Hornnagel an dessen Ende. Das Oberschwanz-

schild ist in der Regel geteilt, wobei ungeteilte Schwanzschilder bei dieser Unterart als wesentlich seltener gelten. Die Endgröße dieser Unterart kann mit etwa 16 bis 20 cm für Weibchen und 11 bis 17 cm (Stockmaß) für Männchen als wesentlich kleiner bezeichnet werden. Bei der westlichen Unterart handelt es sich

Besonders interessante, gelbe Farbvariante der Ostrasse. *Testudo hermanni boettgeri*

Häufig vorkommende Farbform. Hier ein noch junges aber bereits geschlechtsreifes Weibchen. *Testudo hermanni boettgeri*

17

im Vergleich zur östlichen um wesentlich ruhigere Vertreter. Das natürliche Verbreitungsgebiet reicht von Ostspanien über Südfrankreich, Balearen, Korsika, Sardinien bis nach Mittelitalien (Toscana).

Eine Art und doch so variabel

Hinsichtlich der Größe, Farbe und Körperform fällt es schwer, die unterschiedlichen geographischen Formen von *Testudo hermanni boettgeri*, als nur eine Unterart zu bezeichnen. Schon allein die Endgrößen mancher Individuen weichen stark voneinander ab. In vielen Verbreitungsgebieten erreichen die Tiere eine mittlere Größe von 14 bis 17 cm für Männchen und 20 bis 22 cm für Weibchen. Auf dem Peloponnes ist eine eigenständige Population bekannt, deren Endgröße für Männchen bei 10,5 cm und bei Weibchen um 12 cm liegt. Hingegen wurden Tiere aus Macedonien und Albanien bekannt, welche als riesig gelten. Maße von 24 cm für Männchen und 38 cm für Weibchen sind nachweisbar. Hinsichtlich der Färbung scheinen noch größere Unterschiede zu bestehen. Die Farbpalette reicht hier von fast einfarbig gelb, über braun bis schwarz. Dazwischen sind alle Farbabstufungen möglich, wobei die verschiedenen Brauntöne überwiegen. Tiere, die aus dem Küsten-

bereich stammen, sind oft wesentlich heller gefärbt, wogegen Tiere aus dem Landesinneren und aus den höhergelegenen Bergregionen meist dunkler gezeichnet sind. Dies läßt sich aber durch die unterschiedlichen klimatischen Bedingungen, die in den unterschiedlichen Habitaten vorherrschen, erklären. Dunklere Tiere erwärmen sich schneller und sind somit dem in den Bergregionen häufig etwas kühlerem Klima angepaßt. Sehr große Unterschiede sind auch hinsichtlich der Körperform zu erkennen. Von hochgewölbt und rundlich bis flach und länglich ist bei T. hermanni boettgeri alles möglich. In den Verbreitungsgebieten, die von mir bereist wurden, kamen immer nur Tiere eines Typus vor. Sicher variiert die Färbung bei manchen Individuen, aber hinsichtlich der Körpergröße und der Form gehörten die Tiere alle einem Typus an. Auch bei Nachzuchten, welche aus einem Gelege stammen, sind kleine Unterschiede in der Farbgebung zu erkennen. Nie aber konnte ich aus einem Gelege schwarze und gelbe Tiere erhalten. Auch in Bezug auf die Körperform sind bei aus einem Gelege stammenden Jungtieren nur geringfügige Unterschiede erkennbar. Wer sich die unterschiedlichen T. hermanni boettgeri-Formen einmal genau betrachtet, wird sicherlich meine Meinung teilen, daß die Unterschiede mancher Tiere so

erheblich sind, so daß die Vermutung nahe liegt, es könnte sich um verschiedene Unterarten handeln. Ich möchte sogar soweit gehen, zu behaupten, daß die Unterschiede mancher T. hermanni boettgeri untereinander größer sind als im Vergleich zu T. hermanni hermanni, die bereits seit langem als eigene Unterart anerkannt ist. Das doch relativ große Verbreitungsgebiet der östlichen Tiere, läßt die Vermutung auf das Bestehen noch weiterer Unterarten zu. Es wird in der Zukunft bestimmt noch Einiges zu entdecken sein, was Aufschluß über die recht großen Unterschiede der Regionalformen von T. hermanni boettgeri geben wird. Beim genauen Betrachten der Abbildungen auf diesen Seiten, wird auch ein Neuling in diesem interessanten Hobby Unterschiede der einzelnen Griechischen Landschildkröten der östlichen Unterart erkennen können.

Ein lauwarmes Bad soll den Jungtieren nicht nur nach einem Transport geboten werden. Jungtiere haben ein höheres Flüssigkeitsbedürfnis.

Artgerechte und naturnahe Haltung

Transportieren und Eingewöhnen

Am besten befördern Sie Ihre Schildkröten in einer kleinen Styroporbox mit Deckel. In diese Box soll etwas Substrat oder Zeitungsknäuel eingebracht werden, damit die Tiere nicht herumrutschen können. Es wird sichergestellt, daß die Tiere während des Transports keine Zugluft erhalten oder stark auskühlen. Außerdem setzen wir die Schildkröten so keinem unnötigen Streß aus. Zu Hause angekommen, werden die Neuankömmlinge nicht sofort in das bereits vorbereitete Terrarium, sondern zuerst in ein niedriges, mit lauwarmem Wasser gefülltes Gefäß gesetzt. Hat ein Tier beim Transport seinen Darm entleert, hat es jetzt die Möglichkeit, verlorene Flüssigkeit durch Trinken auszugleichen. Nach dem Bad, das etwa fünf Minuten dauern kann, wird das Tier sorgfältig abgetrocknet und anschließend in das beheizte und vollständig eingerichtete Terrarium gesetzt. Nun müssen wir den Tieren die Möglichkeit geben, sich an ihre neue Umgebung zu gewöhnen. Geeignetes Futter und eine gefüllte Wasserschale dürfen nicht fehlen. Hüten Sie sich davor, die Schildkröten häufig in die Hand zu nehmen oder gar am Zimmerboden laufen zu lassen. Gönnen wir ihnen einfach in den nächsten Tagen Ruhe und beobachten sie nur durch die Glasscheiben des Terrariums oder im Freiland aus einiger Entfernung. Nach ein paar Tagen werden sich die Landschildkröten eingelebt haben und munter im Gehege oder im Terrarium umherlaufen. Besitzen Sie bereits Schildkröten, so ist es notwendig, die neuen Tiere vorerst in einem Quarantäneterrarium unterzubringen. Dieser Behälter muß mit allen Einrichtungsgegenständen, welche für das Wohlbefinden der Schildkröten nötig sind, ausgestattet sein. Meine Empfehlung, eine Quarantänezeit von mindestens einem halben Jahr einzuhalten, mag vielleicht übertrieben wirken, doch die Erfahrung hat gezeigt, daß diese relativ lange Zeit durchaus angebracht ist. Tiere, die in eine Zuchtgruppe aufgenommen werden sollen, müssen diese Zeit durchmachen um über deren Gesundheitszustand genaue Kenntnis zu erhalten. Manche Schildkröten zeigen erst nach mehreren Monaten Krankheitssymptome und können bei Nichteinhaltung einer angemessenen Quarantänezeit den gesamten Bestand gefährden. Werden Tiere im Spätsommer erworben, müssen diese die Winterruhe separat verbringen und dürfen auch im Frühjahr nicht sofort zum Altbestand gesetzt werden. Nach dem Erwachen aus der Winterruhe zeigen geschwächte Schildkröten auch erst nach mehreren Wochen Symptome, welche auf eine Erkrankung schließen lassen.

Ernährung, ein heikles Thema

Der Ernährung von Landschildkröten kommt eine nicht zu unterschätzende Bedeutung zu. Es steht außer Zweifel, daß auf unzureichende Kenntnis der Nahrungsansprüche unserer Pfleglinge viele Fehlschläge zurückzuführen sind. Deshalb bin ich dazu übergegangen, meine Tiere so naturnah wie nur möglich zu füttern. Mit dem folgenden Konzept konnte ich bei meinen Schildkröten natürliches Wachstum, gesteigerte Aktivität und wesentlich weniger fütterungsbedingte Krankheitsfälle verzeichnen. Bemerkenswert ist auch die Feststellung, daß die Befruchtungsrate der Gelege auf über 90 % anstieg und ernährungsbedingte Verluste von Jungtieren wesentlich zurückgingen. Die Griechischen Landschildkröten sind reine Pflanzenfresser und auch wie solche zu ernähren. Einwände dagegen könnten sein, daß Schildkröten auch in ihrem Ursprungsbiotop ab und zu tierische Nahrung zu sich nehmen, wenn sie einen Regenwurm, eine Schnecke, ein totes Insekt finden oder vielleicht ein Stück Aas in Form einer toten Maus oder eines verendeten Vogels. Natürlich wird die Schildkröte so einen Leckerbissen nicht verschmähen, aber hier dürfte es sich eher um einen Zufall handeln. Der Hauptteil der aufgenommenen Nahrung wird in freier Wildbahn sicherlich pflanzlichen Ursprungs sein.

Äußerst wichtig ist die Qualität des gebotenen Futters, das stets frisch und abwechslungsreich sein muß. Gefüttert werden kann alles, was auf einer unbehandelten Naturwiese wächst und von den Tieren gefressen wird. Selbstverständlich darf das Futter nicht vom Straßenrand genommen werden. Bevorzugen Sie ausgewachsene Pflanzen, denn deren Rohfaseranteil ist besonders groß und für die Verdauung von großem Nutzen. Wer einen Garten besitzt, kann die geeigneten Futterpflanzen auch selbst anbauen. Ein wichtiges Merkmal für die Eignung als Futterpflanze für unsere Landschildkröten ist das Verhältnis Calcium : Phosphor. Eine überaus gut geeignete Futterpflanze mit einem ausgezeichneten Calcium : Phosphorverhältnis (2,8 : 1) ist sicherlich der überall wachsende Löwenzahn. Es werden nicht nur die Blätter, sondern auch die Blüten und deren Stiele überaus gern gefressen. Petersilie besitzt auch ein sehr gutes Verhältnis von Calcium : Phosphor, wird aber leider von vielen Individuen verschmäht. Die Futterpflanzen sollen möglichst viel Calcium und wenig Phosphor enthalten. Folgende Pflanzen werden von meinen Tieren bevorzugt gefressen und haben sich als brauchbares Futter bewährt: Spitzwegerich, Breitwegerich, Vogelmiere, alle Kleearten, Gänseblümchen (Blüten und Blätter), Huflattich, verschiedene Disteln, Luzerne, Feld- und Zaunwinde, Weidenröschen, Weinblätter, Rettichblätter, Meerrettichblätter, frische Weidenblätter, verschiedene Dickblattgewächse wie Mauerpfeffer und Fetthenne, verschiedene Sauergräser, Scharfer Hahnenfuß, Gurkenblätter, Zucchiniblätter und Blüten, Kürbisblätter, Grünkohl und Chinakohl. Verschiedene Salatsorten werden ohne künstlichen Dünger im eigenen Garten angebaut. Hier wird Endivien, Zuckerhut, Eisbergsalat und Romanasalat (Römersalat) bevorzugt. Kopfsalat wird gerne gefressen, aber wegen der hohen Schadstoffbelastung und der Unverträglichkeit nicht verfüttert. In den heißen Som-

mermonaten ist hochwertiges Heu zur zusätzlichen Fütterung sehr gut geeignet, was wiederum dem natürlichen Futterangebot in den Ursprungsländern nahekommt. Sind sie gezwungen, Salat zu kaufen, so muß dieser stets in lauwarmen Wasser gewaschen werden. Verfüttern sie nur Salat an ihre Tiere, den sie auch selbst essen würden. Keinen Abfall vom Supermarkt oder vom Gemüsehändler! Verdorbenes oder fauliges Futter ist zur Ernährung unserer Tiere völlig ungeeignet. Schildkröten sind keine Abfallverwerter. Obst und Gemüse eignen sich ebenfalls nicht zur gesunden und artgerechten Ernährung einer Griechischen Landschildkröte. Es steht außer Zweifel, daß Schildkröten gerne Tomate, Erdbeere, Kirsche, Wassermelone und anderes Obst und Gemüse mit Begeisterung fressen. Trotzdem sind diese keine geeigneten Futtermittel, werden diese auch in der einschlägigen Fachliteratur als solche bezeichnet. Obst wirkt sich negativ auf die Darmflora aus, denn durch den hohen Fruchtzuckergehalt von reifem Obst entsteht im Darm der Tiere ein Gährungsprozeß, der Durchfall und nicht vollständig verdautes Futter im Kot zur Folge haben kann. In Milch eingeweichtes Weißbrot, mageres Rinderhackfleisch oder Rinderherz, Dosen- und Trockenfutter für Hunde oder Katzen, Futtersticks für Teichfische, roher Fisch, Quark und andere Milchprodukte mögen für viele Tiere als gute Futtermittel gelten, eignen sich aber nicht für unsere Landschildkröten. Das für Schildkröten bestimmte Fertigfutter in Pellet-

form hat sich Aufgrund des hohen tierischen Eiweißgehaltes nicht zur Fütterung der Griechischen Landschildkröte bewährt. Viel zu schnelles Wachstum, Nierenschädigung und Höckerbildung waren die Folgen.

Durch viele Reisen in die Heimatgebiete von *Testudo hermanni* konnte ich mir ein Bild über die natürlichen Gegebenheiten wildlebender Schildkröten machen. Wer sich die Zeit nimmt, einige Individuen im natürlichen Lebensraum über mehrere Tage zu beobachten, wird erkennen, wie vielfältig das Nahrungsspektrum frei lebender Schildkröten ist. Hier eine rote Blüte, da eine gelbe und dort ein grünes Blatt. Die Tiere wandeln in einer wahren Pflanzenpracht, welche aber spätestens Anfang Juli wieder zu Ende ist. Wenig Niederschläge und hohe Temperaturen bewirken bald ein Vertrocknen der vielfältigen Bodenvegetation. Die Schildkröten müssen nun mit getrockneten Pflanzen vorlieb nehmen. Erst im Herbst, wenn Regen die Vegetation wieder zu neuem Leben erweckt, stehen den Schildkröten wieder grüne Futterpflanzen zur Verfügung. Ich hoffe, mit meinen Ausführungen im Kapitel Ernährung nicht ihren ganzen Futterplan infrage gestellt zu haben. Auch ich habe die gesamte Futterpalette meinen Schildkröten geboten, bis ich mich von den Tieren eines Besseren belehren ließ. Ihre Griechischen Landschildkröten werden es Ihnen danken, indem sie nicht zu schnell wachsen, sich bester Gesundheit erfreuen und sich willig fortpflanzen.

Bilder von oben nach unten:
1. Verschiedene Disteln werden von vielen Schildkröten gern als willkommene Abwechslung angenommen **2.** Hahnenfuß und dessen gelbe Blüten werden von allen meinen Schildkröten überaus gerne verzehrt.
3. Dickblattgewächse wie Mauerpfeffer lassen sich leicht kultivieren und stellen eine ausgezeichnete Futterpflanze dar.
4. Die Fetthenne ist bei vielen Hobbygärtnern als Staudenpflanze zu finden. Es werden die Blätter, sowie die rötlichen Blüten verzehrt.

Artgerechte Haltung

Oben: Riesenwachstum, hervorgerufen durch zu eiweißreiches Futter, zeigt sich bei einem, etwa 15 Jahre alten *T. hermanni boettgeri*-Weibchen.

Mitte: Plastronansicht des nachfolgend abgebildeten *T. hermanni boettgeri*-Männchens.

Unten: Dieses erst sieben Jahre alte Männchen zeigt starke Deformationen des Carapax sowie des Plastrons hervorgerufen durch eine nicht artgerechte Ernährung. *Testudo hermanni boettgeri*

Vitamine und Mineralstoffe

Es ist bekannt, daß mehr Schildkröten an einer Überdosierung von Vitaminen verenden, als an Vitaminmangel. Im natürlichen Habitat leiden die Tiere nie an Vitaminmangel. Ein für unsere Pfleglinge sehr wichtiges Vitamin ist D_3, welches der Organismus unserer Schildkröten in Verbindung mit ungefiltertem Sonnenlicht selbst produzieren kann. Symptome für Vitamin-D_3-Mangel sind häufig das Auftreten von Höckerbildung, Panzererweichung und Bewegungslust. Werden unsere Pfleglinge ungefilterter Sonneneinstrahlung ausgesetzt, ist es nicht notwendig, Vitamin D_3 zusätzlich zu verabreichen. Bei Vita-

Langsames, natürliches Wachstum wird sich in menschlicher Obhut nur schwer verwirklichen lassen. *Testudo hermanni boettgeri* im natürlichen Habitat in Griechenland.

min D_3 handelt es sich um ein fettlösliches Vitamin, welches bei Überdosierung leicht zu Schädigungen führen kann. Bei ausschließlicher Fütterung von vielen verschiedenen Wiesenpflanzen konnte ich keinerlei Vitaminmangelerscheinungen bei meinen Tieren feststellen. Dies soll bedeuten, daß im Freiland gepflegte Schildkröten ohne zusätzliche Vitamingaben gepflegt werden können, sofern geeignetes und hochwertiges Futter geboten wird. Werden Tiere in

Zimmerterrarien gepflegt, dann muß auf ein richtiges Maß an Vitaminen geachtet werden. Zusätzlich ist ein Bestrahlen der Schildkröten mit ultraviolettem Licht angebracht, um dem Schildkrötenkörper die Produktion von Vitamin D_3 zu ermöglichen. Die im Fachhandel angebotenen Kalkpräparate sind häufig zusätzlich mit Vitaminen versehen und reichen in Verbindung mit geeigneter, ausgewogener Ernährung zur Gesunderhaltung und zum natürlichem Wachstum aus. Beim Erwerb von Mineralstoffpräparaten ist auf einen hohen Gehalt an Calcium zu achten, wobei der Anteil an Phosphor möglichst gering sein soll. Im Tierfutterhandel, Zoofachhandel und in Apotheken werden geeignete Kalkpräparate (u. a. Vitakalk, Welpenkalk, Osspulvit oder Korvimin ZVT) angeboten, die sich bei der Haltung und Aufzucht meiner Schildkröten bewährt haben und zu recht günstigen Preisen erworben werden können.

Das Zufüttern von Mineralstoffen halte ich bei geschlechtsreifen Weibchen zur Ausbildung der Gelege und zur Aufzucht von Jungtieren für ratsam. Die bereits erwähnten Kalkpräparate sowie Sepia-schalen (ganz oder gerieben), im Mikrowellenherd keimfrei gemachte, zerstoßene Hühnereischalen, Korallensand und Muschelgrit haben bei mir zu akzeptablen Ergebnissen geführt. Erkundigen sie sich bei bekannten Schildkrötenpflegern oder Zoohändlern über die, von denen verwendeten Präparate.

Verdauung und Ausscheidung

Die Verdauung unserer Pfleglinge ist wesentlich von der Umgebungstemperatur abhängig. Wird den Tieren während der Zeit des Verdauungsvorgangs nicht genug Umgebungswärme geboten, so wird sich dieser Prozeß sehr lange hinziehen oder es kommt zu einer nicht vollständigen Verarbeitung der aufgenommenen Nahrung im Darm der Schildkröte. Dies kann bei im Freiland gehaltenen Schildkröten im Frühjahr manchmal beobachtet werden, wenn verflüssigter Kot in Verbindung mit nicht vollständig verdauten Futterresten ausgeschieden wird. Vom Aufnehmen der Nahrung bis zu deren Ausscheidung können bei der Griechischen Landschildkröte bis zu vier Wochen vergehen. Das muß unbedingt bei der Vorbereitung auf die Winterruhe

Links: Kot einer gesunden und richtig ernährten Schildkröte.

Rechts: Wasserunlösliche Harnsäure wird als weißer sämiger Brei ausgeschieden.

beachtet werden. Der Kot unserer Pfleglinge besitzt einen dunklen und einen hellen Anteil. Der dunkle Teil, ist der eigentliche Kot, welcher fest, länglich oder wurstförmig und im Normalfall schwarz, dunkelgrün oder dunkelbraun gefärbt ist. Wurde den Tieren viel Nahrung mit Rohfaseranteil geboten, so können hier noch einzelne Fasern zu erkennen sein. Der helle Anteil des Kots besteht aus Urin mit wasserunlöslicher Harnsäure. Der Urin ist flüssig bis zähflüssig und farblos, während die weiße Harnsäure als sämiger Brei zu erkennen ist. Ein regelmäßiges Überprüfen beim Entfernen des im Terrarium abgesetzten Kots ermöglicht eine relativ genaue Kontrolle über die Verdauung des gebotenen Futters und gibt Aufschluß über den Gesundheitszustand der Schildkröten. Es kann vorkommen, daß Ihre Schildkröten einmal aufgrund zu niedriger Umgebungstemperaturen oder ungeeigneter Ernährung Durchfall bekommen. Hier hat sich bei meinen Tieren die kontrollierte Gabe von frischem Weidenlaub als sehr hilfreich erwiesen. Schon nach kurzer Zeit verfestigte sich der Kot und die Verdauung konnte alsbald als normal bezeichnet werden. Ein Warmhalten der Schildkröten ist während dieser Zeit natürlich unbedingt erforderlich. Die mitunter vertretene Meinung, beim weißen Kotanteil handele es sich um überflüssigen und deshalb wieder ausgeschiedenen Kalk muß abgelehnt werden. Ich betone dies, weil manche Schildkrötenhalter annehmen, ihren Schildkröten genügend Kalk zu bieten.

Unterbringung – Terrarium allgemein

Die Unterbringung in einem artgerecht eingerichteten Terrarium ist für eine dauerhafte und erfolgreiche Haltung der Griechischen Landschildkröte von großer Bedeutung. Unsere Schildkröten sind, wenn auch zu Heimtieren gemacht, immer noch Wildtiere und werden es auch noch viele Generationen bleiben. Als solche haben sie ein Recht auf optimale Unterbringung in Anlagen, die den Bedürfnissen der Wildtiere gerecht werden. Auf die vielen Möglichkeiten der tiergerechten Unterbringung wird im Folgenden hingewiesen. Bei meinen Vorschlägen handelt es sich um eigene Erfahrungswerte, was nicht heißen soll, daß es nicht noch andere geeignete Möglichkeiten der Haltung und auch der Vermehrung geben kann. Ich habe mich mit dieser Problematik beschäftigt und bin dabei zu dem Entschluß gekommen, meine Schildkröten so naturnah wie möglich zu pflegen. Jeder Schildkrötenzüchter wird hierfür seine eigenen Rezepte entwickeln, um den gewünschten Erfolg zu erzielen.

Zimmerterrarium

Zur Aufzucht von Jungtieren und zur Verlängerung der Warmperioden im Frühjahr oder Herbst ist ein Terrarium von Nutzen. Dies darf keine alte Holzkiste oder eine Blechwanne sein, die irgendwo auf den Fußboden gestellt wird. Gönnen wir den Tieren lieber ein artgerecht nach ihren Bedürfnissen eingerichtetes Terrarium. Ihre Tiere sollten es

Teilansicht der vom Verfasser für die Aufzucht von Jungtieren verwendeten Terrarien. Unter den Reflektoren befinden sich Reflektorleuchten, die Licht und zugleich Wärme abstrahlen.

ihnen wert sein. Dieses Terrarium mit den Schildkröten soll aber auch ein Schmuckstück in der Wohnung sein. Es gibt verschiedene geeignete Behältertypen aus unterschiedlichen Materialien. Geeignet sind alle im Zoohandel angebotenen Terrarien, sofern diese eine für die Haltung von Landschildkröten geeignete Grundfläche und eine ausreichende Belüftungsfläche aufweisen. Ihr Zoofachhändler wird Sie hierüber bestimmt ausführlich beraten können. Oder Sie informieren sich bei einem erfahrenen Schildkrötenzüchter. In jedem Fall müssen Sie das Terrarium so groß kaufen, daß alle gepflegten Tiere genügend Platz finden. Bedenken Sie,

daß die Schildkröten ja noch wachsen werden oder vielleicht später noch ein oder mehrere Tiere dazukommen können. Lieber gleich einen größeren Behälter anschaffen, als jedes Jahr einen neuen, nur etwas größeren. Der Zoohandel hält geeignete Normmaße bereit, es sind auch Sonderanfertigungen nach Ihren Wünschen oder Platzverhältnissen möglich. Ein oft verwendetes Material ist Glas, aber auch Holz oder Kunststoff erwiesen sich als gut geeignet. Die Verwendung eines bereits vorhandenen Aquariums ist möglich, wenn dessen Grundfläche groß genug ist und für eine ausreichende Belüftung gesorgt wird. Es gibt auch die Möglichkeit, sich ein Terrarium nach eigenen Wünschen bei einem Glaser herstellen zu lassen. Sie können mit etwas handwerklichem Geschick Glasplatten auch selbst mit Silikon zusammenkleben. Ich verwende für meine Zimmerterrarien mit Kunststoff beschichtete Spanplatten, welche in fast jedem Baumarkt in vielen verschiedenen Farben und in fast allen Holznachbildungen zu bekommen sind. Hier besteht die Möglichkeit, sich in der Farbe zu ihrer Inneneinrichtung passende Spanplatten, nach ihren Maßen schneiden zu lassen. Aus der Vorderseite und aus den Seitenwänden können Sichtfenster ausgeschnitten, in welche Glasscheiben eingesetzt werden. Wenn die Schnittkanten der Spanplatten vor dem Zusammenschrauben des Terrariums mit Silikon eingestrichen werden, haben Sie ein brauchbares, gegen Feuchtigkeit resistentes Terrarium. Staunässe sollte in einem Behälter für Griechische Landschildkröten in jedem Fall vermieden werden. Soll der Behälter oben geschlossen werden, sind an den Seitenflächen geeignete Lüftungsflächen anzubringen. Zugluft ist unbedingt zu vermeiden. Der Behälter kann oben offen bleiben, um Fütterungs- oder Wartungsarbeiten zu erleichtern. Sollen in einem Zimmerterrarium ausgewachsene Tiere gehalten werden, sind für ein Pärchen mindestens zwei Quadratmeter Grundfläche erforderlich. Für eine Gruppe von drei bis fünf Jungtieren bis etwa 150 g Körpermasse, halte ich eine Grundfläche von 100 cm Länge und 50 cm Breite als ausreichend. Die Höhe dieses Behälters soll 40 cm nicht unterschreiten. Die empfohlenen Mindestanforderungen für die Haltung von Schildkröten müssen hier in jedem Fall Beachtung finden. Das Aufstellen des Terrariums auf eine geeignete Unterlage muß gewährleistet sein, denn seine Gesamtmasse darf nicht unterschätzt werden.

Terrarientechnik

In den letzen Jahren ist der Zoofachhandel dem gesteigerten Bedürfnis nach geeigneten Zubehörartikeln für die Haltung von Reptilien nachgekommen. Ich möchte hier mit der Beleuchtung des Behälters beginnen, welche für eine Gesunderhaltung Ihrer Pfleglinge eine nicht zu unterschätzende Rolle spielt. Licht und Wärme sind in einem Terrarium, in dem Reptilien gepflegt werden, unverzichtbar. Ich verwende hierfür Leuchtstoffröhren die etwa der Länge des Behälters entsprechen. Es dürfen nur Lampen, die gegen Spritzwasser geschützt und für den Einsatz in Feuchträumen geeignet sind, verwendet werden. Beachten Sie die Hinweise des Herstellers oder ziehen Sie einen Elektriker zu Rate, um sich selbst und die Panzerträger nicht zu gefährden. Bei Verwendung von Leuchtstofflampen sind Leuchtmittel zu bevorzugen, die dem natürlichen Lichtspektrum des Sonnenlichts nahe kommen. Leuchtmittel mit UV-B-Anteil sind im Zoohandel erhältlich. Diese Leuchtstoffröhren sind halbjährlich durch neue zu ersetzen, denn deren Lichtleistung läßt nach dieser Brenndauer stark nach. Eine Reflektorlampe in Form eines Spotstrahlers, etwa 30 cm über dem Bodengrund angebracht, sorgt für die notwendige Erwärmung des im Lichtkegel befindlichen Bodengrunds. Messungen mit einem Thermometer geben Aufschluß über die dort erreichten Temperaturen. Durch Verkleinern oder Vergrößern des Abstands kann die gewünschte Temperatur eingestellt werden. Diese sollte etwa 30 bis 35 °C betragen. Die im einschlägigen Zoofachhandel angebotenen Reflektorlampen für die Pflege von Reptilien, welche auch UV-B-Licht abgeben, sind normalen Reflektorlampen vorzuziehen. Das Einbringen einer im Zoofachhandel erhältlichen Heizmatte – in verschiedenen Größen und Wattzahlen erhältlich – leistet bei der Behandlung auftretender Krankheiten gute Dienste und sollte deshalb vorsorglich schon beim Einrichten des Behälters eingebracht werden. Für die Pflege von Griechischen Landschildkröten sind Heizkabel oder Heizmatten nicht unbedingt erforderlich, sofern sich der Behälter in einem normal beheizten Raum befindet. Ob ein Heizkabel oder eine Heizmatte für Ihre Zwecke besser geeignet ist, kann mit einem Zoofachhändler abgesprochen werden. Auf jeden Fall darf nur etwa die Hälfte des Behälters erwärmt werden, um den Tieren die Möglichkeit zu geben, sich in kühlere Zonen zurückzuziehen. Die Verwendung eines Thermostats, um ein Überhitzen der Heizmittel zu verhindern, ist durchaus angebracht. Geeignete Geräte bietet der Zoofachhandel an. Die Verwendung einer handelsüblichen Zeitschaltuhr erleichtert das Einhalten von Hell- und Dunkelphasen auch während Ihrer Abwesendheit. Den Hinweisen und Vorschriften des Herstellers ist unbedingt Beachtung zu schenken. Um die Schildkröten mit UV-Licht zu versorgen, verwende ich einen von Osram produzierten Therapiestrahler. Dieser ist unter der Bezeichnung Ultra Vita Lux 300 W im Fachhandel zu erwerben. Bei meinen Schildkröten hat sich eine Bestrahlungsdauer von wöchentlich dreimal zehn Minuten aus einem Meter Abstand als effektiv erwiesen. Ein gleichmäßiges Wachstum und gesteigerte Aktivität sind nach regelmäßigen Bestrahlungen zu erkennen. Erwähnenswert sind die zur Beleuchtung und milden Erwärmung gut geeigneten Energiesparlampen, die eine relativ große Lichtausbeute liefern. Die höheren Anschaffungskosten rechnen sich bald durch den geringeren Stromverbrauch.

Bodengrund

Die Grundfläche des Behälters soll in zwei Zonen unterteilt werden, welche zum einen warm und trocken und zum andern kühler und feuchter sein müssen. Über der warmen Zone wird der Spotstrahler angebracht, mit dem der Bodengrund auf die gewünschte Temperatur von etwa 35 °C erwärmt wird. Eine Mischung aus grobem Sand mit Lehm oder Gartenerde hat sich für diese Zone bewährt. Für die kühlere Zone eignet sich sehr gut Buchenlaub mit etwas Moos vermischt, da sich die

Die häufig kritisierten, aber von mir verwendeten groben Buchenholzspäne haben sich bei mir und auch bei vielen meiner Züchterfreunde nie negativ auf die Schildkröten ausgewirkt. Aber es muß sehr wohl zu Zwischenfällen durch Verschlucken dieser Späne gekommen sein, darum sollen diese Holzspäne nicht mehr Verwendung finden.

Schildkröten hier gerne verbergen und dieses Substrat leicht feucht zu halten ist. Auf Schimmelbildung ist zu achten. Auch im Herbst, nach dem ersten Frost eingesammelte Laubwalderde hat sich bei mir als sehr geeignet erwiesen. Die Höhe dieses feuchteren Abschnittes darf fünf – besser zehn – Zentimeter nicht unterschreiten, um unseren Pfleglingen ein Eingraben während der Nacht zu ermöglichen. Das Einbringen von verschiedenen Moosen, die ständig etwas feucht gehalten werden können und der Erhöhung der Luftfeuchtigkeit dienen, steht nichts im Wege. Ungiftige Zimmerpflanzen, außer Reichweite der Schildkröten eingebracht, geben dem Terrarium nicht nur ein natürlicheres Aussehen, sondern tragen auch wesentlich zur Verbesserung des Terrarienklimas bei. Stachelige Kakteen sollen wegen der Verletzungsgefahr für Mensch und Tier nicht verwendet werden. Das Versprühen von Insektiziden und die Verwendung von Mineraldünger im Terrarium muß unbedingt unterbleiben. Geeignete Pflanzen für ein Terrarium sind im Gartenfachhandel erhältlich. Fragen Sie Ihren Gärtner nach der Giftigkeit der Pflanzen, die in das Terrarium eingebracht werden sollen. Das gründliche Abwaschen der Pflanzen vor dem

Einbringen ist notwendig, um eventuell anhaftende Pflanzenschutzmittel zu entfernen.

Das Freilandterrarium

Der beste Platz für ein Freigehege wird sicherlich der sonnigste Platz Ihres Grundstücks sein. Eine Ausrichtung der Anlage nach Süden oder wenigstens nach Südosten ist sehr empfehlenswert. Auch eine Anbindung an eine Hauswand oder eine Mauer – der Wärmespeicherung wegen – kommt Ihren Schildkröten zugute. Ein nach Süden gerichteter Hang wäre auch hervorragend geeignet und kommt den natürlichen Biotopen der Griechischen Landschildkröte nahe. Ist dieser Platz windgeschützt und stehen keine abschattenden Bäume im Wege, dann haben Sie die ideale Stelle zum Bau eines Freigeheges gefunden. Für die Umgrenzung des Geheges sind die verschiedensten Materialien geeignet. Durchsichtige Materialien eignen sich nicht, weil die Schildkröten diese nur selten als natürliche Grenze anerkennen und immer wieder versuchen, diese zu durchdringen oder zu überwinden. Also Hände weg von durchsichtigem Glas – undurchsichtiges Drahtglas wäre geeignet – und Konstruktionen aus Maschendraht. Achten Sie darauf, daß sich das Freilandterrarium und die verwendeten Materialien harmonisch in das bestehende Gartenbild einfügen, um nicht optisch zu stören. Gehwegplatten aus Waschbeton, Holzpalisaden, Ziegelmauern, Legesteinmauern aus Naturstein, Eternit, Holzbretter, Aluminium- oder Kupferblech und vieles mehr sind für die Umrandung geeignet. Die Verwendung von Beeteinfassungen aus Beton, die sich leicht in dem Boden eingraben lassen, sind sehr witterungsbeständig und können leicht mit Holz überbaut werden. Für die Griechische Landschildkröte ist es nicht erforderlich, die Umgrenzung tiefer als 20 cm in den Boden einzulassen, da diese nicht zu den stark grabenden Arten gehört. Die Höhe der Abgrenzung sollte 30 cm nicht unterschreiten, um sicherzustellen, daß die Tiere durch Aufeinanderklettern diese nicht überwinden können. Ein nach innen überstehendes Brett, welches eine Breite von etwa 10 cm haben kann, sorgt zusätzlich für Sicherheit. Die Ecken des Geheges müssen besonders gesichert werden, denn hier treffen oft mehrere Schildkröten aufeinander und ein Überklettern könnte den Tieren hier durchaus einmal gelingen. Die Ausmaße der Freilandanlage sollten großzügig bemessen sein, denn je größer, desto natürlicher kann sie gestaltet werden. Ein Gehege kann nie groß genug sein. Für eine kleine Gruppe von acht bis zwölf geschlechtsreifen Schildkröten sind etwa 20 m² erforderlich. Haben Sie mehr Platz zur Verfügung, dann nutzen Sie diesen durch die Aussaat geeigneter Futterpflanzen direkt im Gehege. Es wäre von Vorteil, das Gehege abtrennen zu können, um bei Bedarf die Geschlechter zu trennen oder jederzeit sofort ein Quarantänegehege zur Verfügung zu haben. Das Bodensubstrat kann aus

normaler Rasenerde bestehen. Das Einbringen von lehmigen Geröll- oder Kiesflächen hat den Vorteil, daß diese Stellen meist frei von Vegetation bleiben und somit bei unseren klimatischen Bedingungen – häufiger Regen und nächtliche Taubildung – schneller abtrocknen als der übrige Grasboden. Größere Steine, Wurzeln oder schön geformte Äste dürfen natürlich nicht fehlen, um dem Ganzen ein möglichst natürliches Aussehen zu verleihen. Verschiedene Hügel aus Gartenerde oder Lehm – mit feinem Kies vermischt – sollten in jedem Fall eingebracht werden. Der Bau des Eiablagehügels

Der Eiablagehügel wird von allen meinen weiblichen Griechischen Landschildkröten zum Ablegen ihrer Gelege gerne angenommen.

Teilansicht der Freilandanlage des Verfassers.

Bilder von oben nach unten:
1. Tragbare Futterstellen aus Kunststoff können leicht gereinigt und an verschiedenen Stellen verwendet werden.
2. Teilansicht der Freilandanlage des Verfassers. Im hinteren Teil sind die Frühbeetkästen zur Aufzucht von Jungtieren zu erkennen.
3. Teilansicht des Freigeheges des Verfassers. Die Position des Eiablagehügels, sowie der Schutzhäuser ist zu erkennen.
4. Dieser Teil der Anlage dient zur Aufzucht von Jungtieren ab dem vierten Lebensjahr und als Quarantäneterrarium. Die Abdeckungen werden bei schönem Wetter entfernt.

aus Sand hat sich in meiner Anlage nicht bewährt, weil die Eigruben immer wieder durch Nachrutschen des Sands einstürzten und ein etwas festerer Untergrund von den Weibchen bevorzugt wird. Am sonnigsten Platz der Anlage häufen Sie einen Hügel für die Eiablage auf und halten diesen möglichst vegetationslos. Eine Schicht schwarzer, ungedüngter Erde über dem Hügel wird sich durch ihre dunkle Farbe recht schnell erwärmen, und die legereifen Weibchen werden den so präparierten Ablagehügel bevorzugen. Außerdem hat die schwarze Erde für mich noch den Vorteil, daß die Eigruben, welche während meiner Abwesenheit angelegt werden, leichter zu finden sind.

Versuchen Sie die gesamte Anlage so zu gliedern, daß die Schildkröten bei Bedarf verschiedene Versteckplätze aufsuchen und sich so aus dem Weg gehen können. Einen Futterplatz einzurichten halte ich nicht für sinnvoll, weil den Tieren damit der Anreiz des Suchens nach Futter genommen wird. Besser ist es, transportable Futterwannen aus Kunststoff zu verwenden, die den Vorteil haben, immer wieder an anderen Plätzen des Geheges aufgestellt werden zu können und außerdem leicht zu reinigen sind.

Die Bepflanzung kann individuell erfolgen, wobei aber unbedingt darauf geachtet werden muß, daß keine giftigen Pflanzen verwendet werden. In meiner Anlage befinden sich verschiedene kleinbleibende Gehölze wie kriechender Wacholder, Bergkiefer, Zuckerhutfichte und andere kleinbleibende Koniferen-

arten. Gut bewährt hat sich das Einbringen von horstbildenden Ziergräsern und verschiedenen anderen mediteranen Pflanzenarten wie Lavendel, Rosmarin, Stechender Ginster und vieles mehr. Dickblattgewächse wie Fetthenne, Mauerpfeffer und verschiedene *Sedum*-Arten werden von den Tieren gern als zusätzliche Leckerbissen angenommen. Das gilt auch für viele in unseren Wohnungen gepflegte Topfpflanzen wie Agaven, Zitrusgewächse, Opuntien und andere volle Sonne vertragende, ungiftige Zimmerpflanzen finden hier ein ausgezeichnetes Sommerquartier. Wenn Unklarheit über eine Pflanze herrscht wird ein Gärtner in ihrer Nähe bestimmt fachkundige Auskunft geben können. Ein überlegtes Gruppieren der Pflanzen schafft wiederum benötigte Versteckmöglichkeiten und Schattenplätze während der heißen Mittagszeit. Beachten Sie die verschiedenen Gehegeabbildungen. Vielleicht kann ich Ihnen hiermit eine Anregung zur Gestaltung und Einrichtung Ihres Freilandterrariums geben. Eine Wasserschale darf im Freigehege nicht fehlen. Diese muß so bemessen sein, daß einerseits die größte Schildkröte die Schale zum Baden benutzen kann, aber andererseits kleinere Tiere diese auch leicht wieder verlassen können. Die Erfahrung hat gezeigt, daß ein Wasserstand von drei bis fünf Zentimetern ausreichend ist. Das Gefäß muß außerdem leicht zu reinigen sein, weil Schildkröten häufig beim Baden Kot absetzen. Das regelmäßige Reinigen der Schale mit heißem

Bilder von oben nach unten:

1. Der Neubau des Freilandgeheges eines Schildkrötenzüchters. Die begehbaren Schutzhäuser sind mit Glasscheiben abgedeckt.

2. Der andere Teil dieser aufwendig gestalteten und hervorragend durchdachten Anlage.

3. In diesem naturnahen Freilandgehege werden nur wenige Schildkröten mit großem Erfolg gehalten.

4. Auch Jungtiere befinden sich in diesem Gehege und werden hier mit bestem Erfolg gepflegt.

Wasser und das Trocknen in der Sonne verhindert weitgehend die Übertragung von Krankheiten über das Trinkwasser. Reinigungsarbeiten müssen natürlich auch in der Freilandanlage durchgeführt werden und Kot sowie Futterreste sind möglichst täglich zu entfernen.

Die Schutzhütte

Natürlich darf in einem Freigehege auch eine Schutzhütte nicht fehlen. Die Größe dieses Unterschlupfes richtet sich nach der Anzahl der Tiere, welche in dieser einen Platz für die Nacht oder für Schlechtwettertage finden sollen. Ich habe in meinen Freilandanlagen mehrere Typen von Schutzhäusern ausprobiert.

Meiner Erfahrung nach kann sich dieses an jedem beliebigen Platz des Geheges befinden. Wenn Sie die Möglichkeit haben, die Schutzhütte an einem möglichst geschützten Ort zu errichten, dann sollten Sie auch so verfahren. Es ist aber zu beachten, den Eingang in die Schutzhütte nach Osten oder Südosten auszurichten, um somit der Morgensonne die Möglichkeit zu geben, durch das Einschlupfloch in die Schutzhütte zu scheinen und den Platz vor dem Eingang zu erwärmen. Für die Pflege der Griechischen Landschildkröte hat sich in meinen Anlagen ein weitgehend in den Bodengrund versenktes Schutzhaus bewährt. Dieses wird von den Tieren sehr gern angenommen, weil dieser Unterschlupf den natürlichen Gegebenheiten nahe kommt. Außerdem haben

sie hier die Möglichkeit, zum Aufwärmen auf den Deckel zu klettern. Für viele meiner Schildkröten ist dies ein bevorzugter Platz zum morgendlichen Sonnenbad. Als Material verwende ich seit geraumer Zeit Siebdruckplatten, die sehr resistent gegen Feuchtigkeit und durch ihr relativ geringes Gewicht auch gut für die Konstruktion des Deckels geeignet sind. Selbstverständlich können Sie zum Bau einer Schutzhütte auch andere Materialien verwenden. Unbehandeltes Hartholz ist bestimmt genauso geeignet. Die Verwendung von Weichholz kann ich nicht empfehlen, da dieses – in der Erde eingegraben – schon nach kurzer Zeit zu faulen beginnt. Der Bau einer Schutzhütte dürfte problemlos von jedem Hobbybastler durchzuführen sein. Planen Sie die Größe des Schutzhauses nach der Anzahl und der Größe der Tiere, die hier Platz finden sollen. Eine Höhe von 40 bis 50 cm halte ich für ausreichend. Lassen Sie sich im Holzfachmarkt oder im Baumarkt, die häufig diese Siebdruckplatten führen, diese nach Ihren Vorgaben zurechtschneiden. Zwei Scharniere oder ein Scharnierband lassen sich hier ebenfalls erwerben. Die Beschaffung von Holzschrauben, einigen Platten Styrodur (5 cm stark) und einigen Quadratmeter Teichfolie (0,5 mm stark) sowie dünner Holzleisten dürfte auch kein Problem darstellen. Für den Deckel benötigen sie noch ein Stück beschieferte Bitumenmatte, welche in verschiedenen Farben im Baustoffhandel oder im Dachdeckerfachbetrieb zu erwerben ist. Der

Mit dieser Bildfolge möchte der Verfasser den Bau der im Text beschriebenen Schutzhütte darstellen.

Die vom Verfasser verwendeten Überwinterungskisten. Die Schildkröten werden in das Freigehege überführt und in den Schutzhütten wieder eingegraben.

Zusammenbau dieser Hütte gestaltet sich recht einfach. Zuerst schrauben Sie die Holzteile zusammen, so daß eine nach unten offene Kiste mit Deckel entsteht. Nun verkleiden sie die äußeren Seitenwände dieser Kiste mit Styrodur und bespannen diese mit der Teichfolie, welche etwa 30 cm nach unten überstehen sollte. Dann wird in die Vorderseite noch ein Schlupfloch – der Größe der Tiere entsprechend – geschnitten und die restliche Teichfolie mit den dünnen Holzleisten im Inneren der Kiste befestigt. Nun graben Sie an der vorher festgelegten Stelle des Geheges ein der Größe ihrer Kiste entsprechendes Loch. Die Tiefe dieses Lochs sollte etwa zwei Drittel der Höhe ihrer Schutzhütte betragen. Das Einsetzen der Kiste und das

Auslegen der unten überstehenden Teichfolie nach außen ist auch leicht zu bewerkstelligen. Fixieren Sie die Kiste an zwei gegenüberliegenden Ecken mit in den Boden geschlagenen Kanthölzern und lassen Sie diese leicht nach hinten abfallen. Jetzt werden die Seitenwände und die Rückwand mit Erde angehäuft, so daß schräge, für die Schildkröten noch leicht zu erkletternde Flächen entstehen. Das Schlupfloch wird mit Palisaden oder geeigneten Steinen überbaut und der Rest wie an den Seitenwänden aufgeschüttet. Nun bleibt nur noch, die Bitumenmatte am Deckel mit nichtrostenden Schrauben zu befestigen. Das Innere der Kiste wird etwa 20 cm hoch mit Rindenhumus oder Buchenholzspänen aufgefüllt. Darüber wird eine Schicht getrockneten Laubs oder Stroh eingebracht. Den Platz vor dem Eingang der Schutzhütte mit Sand oder feinem Kies zu bestreuen und diesen Vorplatz mit Glas oder Doppelstegplatten zu überdachen hat sich als sehr vorteilhaft erwiesen. Bei schlechtem Wetter können die Tiere die Schutzhütte verlassen, ohne gleich naß zu werden. Es versteht sich von selbst, das Freilandterrarium und die Schutzhütte fertigzustellen bevor Sie die Schildkröten dort unterbringen. Die in der Fachliteratur mitunter beschriebene Unterbringung der Griechischen Landschildkröten in Schutzhütten aus wärmedämmenden Doppelstegplatten hat sich bei mir nicht bewährt. Die Schildkröten verlassen selbst bei geeigneten Wetter diese nicht und legen sogar ihre Eier darin ab. Vergessen Sie nicht, ein geeignetes Schloß am Deckel der Schutzhütte anzubringen, um den Zugriff unberechtigter Personen zu unterbinden. Setzen Sie Ihre Schildkröten an den ersten paar Abenden in die Schutzhütte und schon bald werden diese von selbst die in unseren Breiten kühleren und feuchten Nächte darin verbringen.

Winterruhe

Viele Tierverluste sind auf eine falsche Überwinterung zurückzuführen. Da für *Testudo hermanni* ein Freilandaufenthalt angebracht ist und ich davon ausgehe, daß ihre Tiere den ganzen Sommer im Freiland verbracht haben, können die Schildkröten bis kurz vor dem ersten Bodenfrost im Freilandterrarium gehalten werden. Ich bin in den letzten Jahren zu der nachstehend beschriebenen Überwinterungsmethode übergegangen, in der die Schildkröten nach dem Eingraben in der Schutzhütte, in einem vor Frost geschützten, aber kalten Kellerraum untergebracht werden. Die Schildkröten nehmen bei abnehmender Tageslänge und Lichtintensität weniger Nahrung zu sich und stellen bei kühlerem und regenreichem Wetter die Nahrungsaufnahme völlig ein. Die ersten Tiere beginnen sich in der Schutzhütte, die mit grabfähigem Substrat gefüllt sein muß, einzugraben. Dies ist der Zeitpunkt, zu dem alle Tiere optisch noch einmal genau überprüft werden, um etwaige Verletzungen oder Krankheiten nach Möglichkeit noch vor der Winterruhe erkennen zu können. Kranke und geschwächte Schildkröten dürfen nicht eingewintert werden. Sie sind im Zimmerterrarium weiter warm zu halten und nach der Genesung erst später in die Winterruhe zu bringen. Da Schildkröten, wie bereits erwähnt, Wildtiere sind und bei mir als solche gepflegt werden, erübrigt sich bei adulten, den ganzen Sommer im Freiland unter guten Bedingungen gehaltenen Griechischen Landschildkröten ein Baden vor der Winterruhe. Wenn sich Mitte Oktober bis Anfang November alle im Freiland gehaltenen Landschildkröten im Schutzhaus eingegraben haben, überführe ich sie in den frostfreien aber kalten Kellerraum. Als Überwinterungsbehälter verwende ich nachlässig gezimmerte Holzkisten mit Deckel, die aus unbehandeltem Holz gefertigt sind und viele Spalten aufweisen, um den Luftaustausch zu gewährleisten. Die Holzkisten werden etwa zehn Zentimeter hoch mit ungedüngter, leicht feuchter Gartenerde gefüllt. Darüber kommt eine Schicht Buchenlaub, aber auch anderes, nicht zu schnell verrottendes Laub hat sich zum Überwintern der Griechischen Landschildkröte als geeignet erwiesen. Nach ein paar Tagen werden die Tiere zur Ruhe kommen und sich im Laub eingegraben haben. Die ideale Überwinterungstemperatur liegt zwischen 3 und 8 °C. Bei diesen Temperaturen hält sich der während der Winterruhe auftretende Masseverlust der Schildkröten in Grenzen. Besondere Aufmerksamkeit ist auf die notwendige Feuchtigkeit des Substrats zu legen, denn bei zu trockener Überwinterung kann durch Austrocknen ein zu großer Masseverlust auftreten und auch die Atemwege können geschädigt werden. Nasse Nasen und stark verklebte, eingefallene Augen im Frühjahr sind das Resultat. Durch Übersprühen mit Wasser kann das Substrat leicht angefeuchtet werden. Auch zu feuchte Überwinterung ist zu vermeiden, um Schädigungen der Haut und der Hornschilder durch Schimmelbildung zu vermeiden. Hier ist ein goldener Mittelweg zu finden, um die Tiere optimal über den Winter zu bringen. Sind Ihre Pfleglinge alle im Substrat verschwunden, bleibt nur noch die regelmäßige Kontrolle der Temperatur und der Feuchte des Bodensubstrats. Ein Überprüfen der

Erwachenes *Testudo hermanni hermanni*-Weibchen nach Beenden der Winterruhe.

Tiere muß auf ein Minimum beschränkt bleiben. Ich kontrolliere meine Tiere während der bis zu fünfeinhalb Monate dauernden Überwinterung höchstens zweimal. Auf keinen Fall sind die Tiere aus der Kiste zu nehmen. Ein leichtes Berühren des Tiers an den Vorder- oder Hinterfüßen, die dann langsam zurückgezogen werden, genügt, um festzustellen, ob das Tier am Leben ist. Nun können Sie nur noch hoffen, alles richtig gemacht zu haben. Leider erwachen trotz Beachtung aller Punkte manche Tiere im Frühjahr nicht mehr. Auch in der Natur werden viele Schildkröten das kommende Frühjahr nicht erleben. Ich würde dies als natürlichen Ausleseprozeß bezeichnen, um zu verhindern, daß schwache Individuen sich im Frühjahr fortpflanzen. Eine weitere, von verschiedenen Schildkrötenpflegern praktizierte Überwinterungsmethode möchte ich Ihnen hier nicht vorenthalten. Gemeint ist die Winterruhe der Schildkröten im Kühlschrank. Für Schildkrötenpfleger ohne kalten Überwinterungsraum könnte sich dies als vorteilhaft erweisen. Es ist notwendig, Luftlöcher anzubringen oder die Kühlschranktür regelmäßig zu öffnen. Leider kenne ich niemanden persönlich, der Tiere auf diese Art überwintert hat und kann Ihnen keine Ratschläge geben, welche auf Erfahrung beruhen. Ob diese Methode auf Dauer zu praktizieren ist, werden die nächsten Jahre zeigen. Ich halte es für besser, die Tiere während des Winters bei Freunden oder anderen Schildkrötenpflegern mit geeigneten Räumlichkeiten unterzu-

bringen, um auch die Winterruhe so natürlich wie möglich zu gestalten. Gegen eine Überwinterung im Freiland ist im Prinzip nichts einzuwenden. Sie wird von vielen Schildkrötenpflegern auch häufig erfolgreich über viele Jahre praktiziert. Die Winter in unseren Breiten sind zu unbeständig und von vielen Wärmeeinbrüchen durchzogen. Häufig kommen die Tiere bei warmem Wetter an die Oberfläche und graben sich bei den darauf folgenden Kälteeinbrüchen nicht wieder tief genug ein. Dies bedeutet in vielen Fällen ein Erfrieren der Schildkröten und kann daher nicht empfohlen werden. Jungtiere sollen im ersten Lebensjahr eine, wenn auch kürzere, Winterruhe halten. Gut bewährt hat sich, die Tiere bereits im Herbst einzuwintern, um sie dann nach der gewünschten Ruhezeit wieder zu wecken und bis zu Frühjahr im Terrarium zu pflegen. So erspare ich mir die Vorbereitung auf die Ruhezeit, denn auch die im Freiland gehaltenen Jungtiere bereiten sich selbständig auf die bevorstehende Ruheperiode vor. Ich halte eine Überwinterung von sechs bis acht Wochen für einjährige Tiere für ausreichend. Zwei- und dreijährige Schildkröten werden etwa drei Monate lang eingewintert. Ab dem vierten Lebensjahr halten meine jüngeren Tiere die gleiche Winterruhezeit wie ausgewachsene Tiere, die in unseren Breiten bis zu fünfeinhalb Monate dauern kann.

Werden die Schildkröten im Terrarium gepflegt, muß vier Wochen vor Beginn der geplanten Ruhezeit mit der Vorbereitung begonnen werden. Zuerst werden die Fütterung eingestellt und die Lichtintensität sowie die Beleuchtungsdauer langsam reduziert. Lassen Sie sich nicht dazu verleiten, den oftmals bettelnden Schildkröten nochmals Futter zu reichen. Der Verdauungstrakt benötigt etwa vier Wochen zu vollständigen Entleerung, was durch häufiges Baden in lauwarmen Wasser unterstützt werden kann. Erst wenn beim Baden keine Darmentleerung mehr beobachtet wird, darf die Temperatur weiter abgesenkt werden. Sorgen Sie für geeignetes Substrat wie Laub, Stroh oder Heu, um den Tieren ein Vergraben im Terrarium zu erleichtern. Die Wärmezufuhr wird dann kontinuierlich auf ein Minimum von 10 bis 12 °C reduziert. Wenn sich die Tiere im Terrarium vergraben haben, wird der Behälter in einen etwas kühleren Raum überführt und somit die Temperatur langsam abgesenkt. Erst jetzt dürfen die Schildkröten in die Überwinterungskiste in den Keller gebracht werden. Ich grabe diese Tiere in den Kisten ein, denn so abgekühlt dürften diese nicht mehr in der Lage sein, sich selbst einzugraben. Weiter verfahre ich wie bei im Freiland gehaltenen Tieren.

Beenden der Winterruhe

Steigen im Frühjahr die Temperaturen wieder auf Werte von 15 °C werden Fenster und Türen des Überwinterungskellers während des Tages geöffnet, um frische Luft und Wärme in den Raum zu lassen. Schon nach kurzer Zeit werden die Schildkröten beginnen, sich in den Kisten zu bewegen. Schildkröten, die für den Aufenthalt im Freilandgehege bestimmt sind, werden in die Schutzhäuser gebracht und dort wieder eingegraben. Meistens dauert es nicht lange, bis einige Tiere bei schönem Wetter vor den Schutzhäusern beim Sonnenbaden beobachtet werden können. Diese Tiere setze ich in ein lauwarmes Bad, um ihnen ein Ausgleichen des Flüssigkeitsverlusts während der Winterruhe zu ermöglichen. Häufig wird hierbei eine weiße Masse (wasserunlösliche Harnsäure) schleimiger Konsistenz abgesetzt. Vergessen Sie niemals diese Schildkröten peinlich genau abzutrocknen, um ein starkes Auskühlen der Tiere zu vermeiden. Bei schlechtem Wetter bleiben die Eingänge der Schutzhäuser geschlossen, so daß die Schildkröten diese nicht unbemerkt verlassen können und irgendwo im Gehege versteckt der nassen und kalten Witterung ausgesetzt sind. Bei steigenden Temperaturen werden sie auf natürliche Weise erwachen und sich in gewohnter Umgebung befinden. Bald wird mit der Nahrungsaufnahme begonnen. Eine ständig gefüllte Wasserschale darf jetzt nicht fehlen, um dem im Frühjahr besonders großen Trinkbedürfnis Rechnung zu tragen. Das Einölen mit Vaselineöl, Paraffinöl oder einem anderen im Zoohandel angebotenen Präparat halte ich nur nach Beendigung der Winterruhe für ratsam, um bei häufigem Regen im Frühjahr ein schnelleres Abtrocknen der Tiere zu erreichen. Während des Sommers ist das Einölen der Schildkröten nicht erforderlich. Sollen

Blick in die Überwinterungskiste, welche mit Gartenerde und Buchenlaub aufgefüllt ist.

die Tiere in ein Zimmerterrarium überführt werden, ist unbedingt für langsam ansteigende Temperaturen zu sorgen. Erst nach ein paar Tagen wird die Beleuchtung des Terrariums eingeschaltet und die Wärmezufuhr langsam gesteigert. Sind die Schildkröten im Behälter erwacht, muß die Möglichkeit eines ausgiebigen Bades gegeben werden. Schon bald werden sie mit der Nahrungsaufnahme beginnen und wie gewohnt im Behälter umherlaufen. Ein genaues Kontrollieren der Tiere ist gerade im Frühjahr von großem Vorteil, um

Griechische Landschildkröten der östlichen Unterart beim ersten Sonnenbaden nach der Winterruhe. Die Tiere sind im Schutzhaus erwacht.

eventuell auftretende Krankheiten schon früh erkennen und behandeln zu können.

Vermehrung in unserer Obhut

Geschlechtsunterschiede

Bei adulten Griechischen Landschildkröten ist eine Geschlechtsbestimmung nicht schwierig. Die Männchen sind an einem wesentlich größeren Schwanz und dem gefurchten längeren Hornnagel am Ende des Schwanzes leicht zu erkennen. Der Bauchpanzer ist bei männlichen Tieren leicht konkav, das heißt nach innen gewölbt. Bei anderen *Testudo*-Arten tritt dieses Merkmal beim männlichen Geschlecht wesentlich stärker in Erscheinung. Dies bringt Vorteile bei der Paarung, denn hierdurch wird das Aufreiten auf das Weibchen erleichtert. Die Form des Rückenpanzers gibt auch Aufschluß über das Geschlecht. Die Männchen zeigen häufig am Hinterrand des Rückenpanzers eine Verbreiterung der Marginalschilder. Die Körpergröße eines Tiers kann nicht als Geschlechtsmerkmal zur sicheren Identifizierung des Geschlechts gelten. Mir sind Männchen bekannt, die als wahre Riesen zu bezeichnen sind. Diese Größe von mehr als 25 cm wird normalerweise nur von weiblichen Griechischen Landschildkröten erreicht. Adulte Weibchen sind häufig schon an der Körperform zu erkennen. Die im Körpervolumen fülliger wirkenden Weibchen besitzen einen wesentlich kleineren und an der Basis dünneren Schwanz. Auch ist der Hornnagel am Schwanzende kleiner und stärker gebogen. Der Bauchpanzer ist leicht konvex ausgebildet. Oft werden die Weibchen wesentlich größer als die Männchen, was besonders für *Testudo hermanni hermanni* zutreffend zu sein scheint. Bei dieser Unterart bleiben die Männchen häufig wesentlich kleiner und können mit einer Körpermasse von 450 g bereits als ausgewachsen bezeichnet werden. Natürlich wurden auch bei dieser Unterart wieder größere und schwerere männliche Individuen bekannt, was in der Regel mit dem natürlichen Verbreitungsgebiet zu tun haben dürfte.

Ein größeres Problem stellt die Geschlechtsbestimmung bei Jungtieren dar. Meiner Erfahrung nach sind artgerecht gehaltene und normalwüchsige junge Griechische Landschildkröten erst ab einem Lebensalter von vier bis fünf Jahren sicher im Geschlecht zu unterscheiden. Es ist mir unbegreiflich, wie manche Schildkrötenpfleger

Männliche *Testudo hermanni boettgeri*. Deutlich ist der am Ansatz dickere Schwanz sowie der Schwanzendnagel zu erkennen.

fruchtet und die jungen Schildkröten schlüpften ohne Komplikationen. Es kann aber auch vorkommen, daß nur ein Teil der abgelegten Eier befruchtet ist. Je älter die Schildkrötenweibchen werden, desto mehr Eier werden abgelegt und auch die Befruchtungsrate steigt von Jahr zu Jahr. Schon wenige Wochen nach der Winterruhe werden Sie im Freiland beobachten können, wie die Männchen versuchen, sich mit den Weibchen zu paaren. Diese oftmals recht lautstarke und rauhe Aktivität wird meistens von den ranghöchsten Männchen begonnen. Die großen und älteren Schildkrötenmännchen führen im Frühjahr oft ihre Rangkämpfe aus.

Die Gewinner dieser Rivalitätskämpfe sind dann meist die Ersten, die sich paaren.

Das Werben und die Paarung

Steigen dann Ende April bis Mitte Mai die Temperaturen über die 20 °C-Marke, so beginnen die Männchen meist schon am frühen Morgen – während der Aufwärmphase – nach den Weibchen Ausschau zu halten. Es ist unglaublich, welche Geschwindigkeiten die Männchen an den Tag legen können, wenn sie irgendwo im Gehege ein geschlechtsreifes Weibchen entdecken. Eines meiner ältesten Männchen steigt zu dieser Zeit immer auf die Spitze des Eiablage-

Durch Bisse in die Extremitäten versucht dieses Männchen der östlichen Unterart das Weibchen zum Verharren zu bringen, um sich anschließend mit ihm zu paaren.

Testudo hermanni boettgeri bei der Paarung.

Bei der Paarung öffnet das Männchen sein Maul weit.

hügels, um von dort aus Ausschau nach einem Weibchen zu halten. Wird dann eine weibliche Schildkröte gesichtet, rennt es auf diese zu und stoppt sie durch Rammen und Beißen in den Kopf und die vorderen Extremitäten. Nun wird das Weibchen von allen Seiten berochen und gelegentlich in die Beine gebissen, so daß es das Bein einzieht und somit am Weglaufen gehindert ist. Ist das weibliche Tier zur Paarung bereit, dann wird es still verharren, um dem Männchen das Aufreiten zu ermöglichen. Hierbei ist dem Männchen der nach innen gewölbte Bauchpanzer von Vorteil. Ist nun das Männchen aufgeritten, so streckt es seinen Kopf weit heraus, öffnet das Maul und beginnt piepsende Laute abzugeben, wobei seine rote Zunge sichtbar wird. Die eigentliche Paarung dauert zwischen zwei und zehn Minuten. Ist die Paarung vollzogen, so trennt sich das Paar und die Tiere gehen wieder getrennte Wege. Mein altes Männchen begibt sich nun wieder auf seinen hochgelegenen Aussichtspunkt auf dem Eiablagehügel, um nach weiteren Weibchen Ausschau zu halten. Oft ist zu beobachten, daß sich ein Weibchen an einem Tag mit mehreren Männchen paart. Es ist sehr wichtig, in einem Gehege immer mehr geschlechtsreife Weibchen als Männchen zu pflegen. Wird dies nicht beachtet, so werden die Weibchen unaufhörlich belästigt und können nicht in Ruhe Nahrung aufnehmen und sich an Sonnenplätzen aufwärmen. Deshalb ist auch die bereits erwähnte Gliederung

des Freilandterrariums sehr wichtig, um den weiblichen Schildkröten die Möglichkeit zu schaffen, sich vor den Männchen zu verbergen. Stimmt in einer gut strukturierten Freilandanlage das Geschlechterverhältnis, dann wird es kaum zu schlimmeren Verletzungen und Beißereien kommen. Sollten dennoch einmal Männchen zu aggressiv werden, so sind diese während der Paarungs- und Eiablagezeit zu separieren.

Trächtigkeit und Eiablage

Nach der Paarung haben die weiblichen Schildkröten einen besonders großen Appetit und einen erhöhten Bedarf an Calcium und Vitaminen. Diesen Bedürfnissen muß in jedem Fall nachgekommen werden. Füttern Sie Ihre Schildkröten in dieser Zeit besonders abwechslungsreich und artgerecht. Vergessen Sie nicht, jegliches gebotene Futter mit Mineralstoffen zu bestäuben. Es wird möglichst frisches und hochwertiges Futter gereicht, um die Weibchen bei bester Kondition zu halten. Nach der Paarung vergehen etwa drei bis acht Wochen, in denen die Schildkrötenweibchen auch besonders viel an Masse zulegen.

Das Verhalten vor der Eiablage ist von Tier zu Tier verschieden. So nehmen manche Weibchen ein paar Tage vor der Eiablage keine Nahrung mehr zu sich, während andere noch bis zum letzten Tag, ja sogar bis kurz vor der Eiablage, ans Futter gehen. Einige meiner weiblichen Schildkröten zeigen zu dieser Zeit ein besonderes Verhalten. Sie benehmen sich wie paarungsbereite Männchen, indem jede Schildkröte, die ihnen über den Weg läuft, zum Verharren bewegt wird. Die Weibchen reiten sogar auf andere Individuen auf und zeigen das gleiche Verhalten wie paarungsbereite Männchen. Viele meiner Weibchen suchen sich für das Ablegen ihrer Eier einen besonders warmen Tag aus, an dem die Luftfeuchtigkeit erhöht ist, was oft nach einem Frühjahrsgewitter der Fall ist. Häufig kann man das Tier nun dabei beobachten, wie es auf den von mir vorbereiteten Eiablagehügel klettert, um nach der richtigen Stelle für das Ablegen der Eier zu suchen. Dies ist leicht zu erkennen, weil die Schildkrötenweibchen immer nach ein paar Schritten mit dem Kopf den Boden berühren und diesen beriechen. Glaubt nun das Tier, den richtigen Platz gefunden zu haben, so wird es mit dem Ausheben der Ablagemulde beginnen. Oftmals unterbrechen die Tiere ihre Grabarbeit, um an einer anderen Stelle neu

zu beginnen. Solche „Probegrabungen" habe ich häufig bei jungen oder neuen Tieren bemerkt. Alte, schon lange in meinem Besitz befindliche Weibchen legen seit vielen Jahren immer an der gleichen Stelle. Wenn das Weibchen eine passende Stelle gefunden hat, gräbt es ausschließlich mit den Hinterbeinen ein Loch, welches sich häufig nach unten verbreitert. Die Tiefe dieser Grube ist sehr unterschiedlich und hängt im allgemeinen von der Größe des Tiers und der Anzahl der zu legenden Eier ab. Ist die Ablagegrube fertiggestellt, dann beginnt das Schildkrötenweibchen mit der Eiablage. Hierbei streckt es den Kopf und die vorderen Extremitäten weit heraus, um das Pressen durch das Zurückziehen in die Leibeshöhle zu verstärken. Dieser Vorgang wird so oft wiederholt, bis das erste Ei aus der Kloake austritt. Jedes Ei wird mit den Hinterbeinen betastet und durch Schieben an die richtige Stelle gebracht. Dazwischen ruht sich das Tier kurz aus,

An warmen Tagen versammeln sich gleich mehr Weibchen auf dem Ablagehügel, um dort ihre Eier zu vergraben

um nach einem Zeitraum von etwa zwei bis fünf Minuten das nächste Ei auszupressen. Dies wiederholt sich, bis das letzte Ei gelegt ist. Nun beginnt das Weibchen mit dem Verschließen der Grube, was wiederum ausschließlich mit den hinteren Beinen geschieht. Jetzt ist der richtige Zeitpunkt zum Entnehmen des Geleges gekommen. Hierzu setze ich das Tier nur ein Stück zur Seite, um die abgelegten Eier besser entnehmen zu können. Die Eier werden, ohne sie zu drehen, mit einem weichen Bleistift an der obersten Stelle markiert, um sie anschließend in gleicher Lage in den Inkubator zu überführen. Sind die Eier entnommen, so wird das Weibchen wieder über die ehemalige Eigrube gesetzt, um dem Tier das Verschließen der Grube zu ermöglichen. Viele Weibchen verschließen ihre Eigrube sehr sorgfältig, andere hingegen nur unvollständig. Die Größe der abgelegten Eier und auch deren Anzahl ist nicht von der Körpergröße des Muttertiers abhängig. Die Eigröße beträgt bei *Testudo hermanni boettgeri* etwa 28 bis 35 mm und bei *Testudo hermanni hermanni* etwa 25 bis 32 mm, wobei die Form in etwa der eines Hühnereies entspricht. Die Anzahl der bei meinen Tieren abgesetzten Eier betrug im Mittel vier bis sechs, wobei das Maximum bei dreizehn, das Minimum bei zwei Eiern lag. Es kommt auch vor, daß ein Weibchen in einer Legeperiode zwei oder sogar drei Gelege absetzt. Nicht vergrabene oder wahllos im Gehege oder in der Schutzhütte abgelegte Eier erwiesen sich bei meinen

Die Ablage der Eier ist für manche Schildkröten eine anstrengende Arbeit. Das Auspressen eines Eies kann Sekunden, aber auch mehrere Minuten dauern.

Das fertige Gelege kurz bevor es vom Weibchen zugeschüttet wird.

Vor dem Verschließen der Eigrube können die Eier vorsichtig, ohne gedreht zu werden, entnommen und an deren Oberseite mit einem weichen Bleistift markiert werden.

Tieren immer als nicht befruchtet. Sind die Eier nun in den Brutapparat überführt worden, beginnt das große Warten. Aber schon nach zwei bis drei Wochen kann man beim Durchleuchten der Eier feststellen, ob eine Entwicklung eingetreten ist. Frisch abgelegte Eier haben einen gelborangen Schimmer, während sich in der Entwicklung befindliche Eier eher rötlich darstellen oder sogar mit Blutgefäßen durchzogen sind. Es ist von äußerster Wichtigkeit, daß die Eier auch beim Durchleuchten nicht gedreht oder gar übermäßig erhitzt werden, da sonst der Keim absterben kann. Verwenden Sie hierfür eine Glühlampe mit maximal 25 W Leistung oder besser noch eine kleine Taschenlampe.

Bezüglich der Eiform ist *Testudo hermanni*, wie unschwer aus der Abbildung entnommen werden kann, sehr variabel. Normalerweise gleicht die Form der eines Hühnereies.

Inkubation und Schlupf

Wenn Sie im Besitz geschlechtsreifer Schildkröten sind, ist es angebracht, sich rechtzeitig um einen geeigneten Brutapparat (Inkubator) zu kümmern. Ich verwende zum Ausbrüten der Schildkröteneier eine altbewährte Methode. Ich stelle ein kleines Aquarium in ein um zehn Zentimeter in der Länge und fünf Zentimeter in der Breite größeres Aquarium. Unter das kleinere Becken lege ich drei, etwa zwei Zentimeter dicke und der Länge des Behälters entsprechende Styroporstreifen, um eine gleichmäßige Wärmeverteilung zu erreichen. Zur besseren Wärmedämmung wird das große Aquarium außen mit Styropor oder einem anderen geeigneten Material ummantelt. Der Deckel, welcher auch aus Styropor sein kann, wird etwas schräg gestellt, um das Ablaufen des Kondenswassers zu gewährleisten. Es darf nicht in das Zeitigungssubstrat tropfen. Außerdem kann dieser Deckel bei Bedarf etwas angeho-

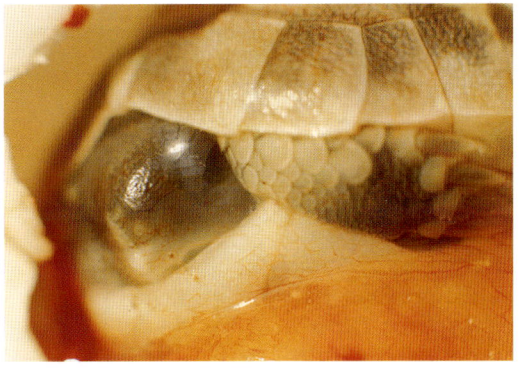

ben werden, um die Luftfeuchtigkeit, die zwischen 65 bis 80 % betragen kann, zu regulieren. Der kleinere Behälter wird nun mit einem Gemisch aus Sand und ungedüngter Gartenerde etwa zehn Zentimeter hoch gefüllt. Das Substrat darf leicht feucht, aber nicht naß sein. Der Raum zwischen den Behältern wird mit Leitungswasser etwa zehn Zentimeter hoch gefüllt und auf die gewünschte Zeitigungstemperatur erwärmt. Beheizt wird das Wasser mit einem handelsüblichen Regelheizer, wie er auch in der Aquaristik Verwendung findet. Es ist anzuraten, sich einen Reserveheizer zu beschaffen, um beim Ausfall des im Gebrauch befindlichen Heizers, sofort ein Ersatzgerät zur Verfügung zu haben. So kann auch am Wochenende leicht Abhilfe geschaffen werden, ohne daß die Eier im Inkubator Schaden nehmen. Außerdem benötigen Sie noch ein Thermometer und ein Hygrometer, um die gewünschte Zeitigungstemperatur und Luftfeuchtigkeit zu kontrollieren. Diese Meßgeräte bitte nicht auf die Eier legen! Erkundigen Sie sich bei einem Zoofachhändler mit Erfahrung in der Reptilienhaltung, dieser wird Sie sicherlich umfassend über die verschiedenen Möglichkeiten beraten. Es besteht auch die Möglichkeit, im Zoohandel einen geeigneten Brutapparat zu erwerben. Halten Sie sich bei solchen Geräten genau an die Angaben des Herstellers. Probieren Sie unbedingt den Inkubator vorher ohne Eier aus und überwachen Sie über einen längeren Zeitraum Temperatur und Luftfeuchtigkeit. Das Aufstellen des Inkubators an einer von der Sonne nicht erreichbaren Stelle ist zu gewährleisten, um die Gelege nicht ungewollt höheren Temperaturen auszusetzen. Die Gelege meiner Schildkröten zeitige ich bei 31,5 °C, wobei leichte Schwankungen möglich sind.

Bald ist es geschafft und die kleine Schildkröte verläßt nach dem Einziehen des Dottersacks in die Nabelöffnung ihr Ei.

Plastronansicht einer frisch geschlüpften *Testudo hermanni*, deutlich ist das Nabelloch zu erkennen.

Wenn Sie noch wenig Erfahrung mit dem Ausbrüten von Reptilieneiern haben, sollten Experimente mit der Bruttemperatur unterlassen werden. Bei Schildkröten und auch anderen Reptilien besteht die Möglichkeit, mit der Zeitigungstemperatur das Geschlecht der Jungtiere zu beeinflussen. Bei Temperaturen um 31,5 °C werden überwiegend weibliche, bei Temperaturen um 27,5 °C überwiegend männliche Tiere schlüpfen. Auch wirkt sich die Bruttemperatur auf die Zeitigungsdauer aus. Die Griechischen Landschildkröten schlüpften bei mir nach 55 bis 67 Tagen und einer Masse von 10 bis 15 g aus ihren Eiern. Der Schlupfvorgang kann zehn bis 28 Stunden dauern. Das eigentliche Schlüpfen beginnt anfangs noch unbemerkt im Inneren. Mit dem sogenannten Eizahn, welcher sich am Oberkiefer unterhalb der Nase befindet, ritzt die kleine Schildkröte das Ei von innen an. Durch Bewegungen der Vorderbeine und des Kopfs bricht nun ein kleines Stück der Schale heraus. Durch dieses kleine Loch läßt sich gut beobachten, daß die Schildkröte während des Schlüpfens mehrere Ruhepausen von ein bis drei Stunden einlegt. In diesem Stadium versucht das Tier durch Bisse in die Eischale das bestehende Loch zu erweitern. Mit Bewegungen der Vorder-

beine und durch Drehen im Ei versucht nun das Tier die Eischale zu sprengen, was nach vielen anstrengenden Streckversuchen des Schlüpflings auch gelingt. Nach dieser enormen Anstrengung verharrt die kleine Schildkröte noch etwas im aufgebrochenen Ei, um dieses nach Einziehen des Dottersacks

in die Nabelöffnung des Plastrons zu verlassen. Durch Umdrehen des Tiers kann jetzt unschwer die Faltung des Bauchpanzers erkannt werden. Diese Einfaltung wird schon bald nicht mehr zu sehen sein, und die kleine Schildkröte wird die arttypische Form aufweisen. Im natürlichen Lebensraum beginnt nun für die kleine Landschildkröte eine richtige Kraftanstrengung, weil sich das Tier noch zur Erdoberfläche graben muß. In Menschenobhut wird der Schlüpfling aus dem Inkubator genommen und in ein für Jungtiere eingerichtetes Terrarium überführt. Zu diesem Zeitpunkt können Sie wirklich stolz auf sich und Ihre kleine Schildkröte sein,

denn jetzt haben Sie den Grundstein für die erfolgreiche Vermehrung von Schildkröten gelegt. Auch für mich ist es immer wieder eine große Freude, meine Nachzuchttiere zu beobachten und die Gewißheit zu haben, einen kleinen Betrag zur Erhaltung dieser wirklich interessanten Lebewesen geleistet zu haben.

Werden Freigehege für Jungtiere nicht abgedeckt, können sogar Mäuse für unsere Pfleglinge gefährlich werden. Ausgefressene *Testudo marginata*

Terrarien zur Aufzucht können auch ansprechend eingerichtet werden.

Aufzucht der jungen Landschildkröten

Haben Sie die kleinen Schildkröten in ein vorbereitetes Terrarium überführt, welches im wesentlichen dem der Alttiere entsprechen soll, dann dürften Sie – bei Beachtung der folgenden Ratschläge – keine wesentlichen Probleme bei der Aufzucht Ihrer kleinen Griechischen Landschildkröten haben. Der Behälter muß ausreichend Platz für alle Tiere bieten. Der Bodengrund kann aus einem Gemisch aus Sand und ungedüngter Gartenerde bestehen und sollte 8 bis 10 cm hoch in den Behälter eingebracht werden. Die unteren Schichten dieses Bodensubstrats müssen immer leicht feucht gehalten werden. Die oft beschriebene Haltung auf Zeitungspapier oder Wellpappe kann ich nicht befürworten; dies mag zwar hygienisch sein, aber es wird den Tieren unmöglich gemacht, sich in dem Substrat einzugraben. Von großem Vorteil ist es, wenn der Behälter bei geeignetem Wetter ins Freiland getragen werden kann. Sie können ihn überall dort aufstellen, wohin gerade die Sonne scheint. Es muß aber unbedingt auf Schattenplätze geachtet werden, denn in dem Behälter steigt die Temperatur oft sehr schnell an, und Ihre Schildkröten könnten an

Auch kleinen Schildkröten braucht das gebotene Futter nicht zerkleinert werden.

Überhitzung verenden. Durch Abdecken des Behälters mit stabilem Maschendraht verhindern Sie, daß ungebetene Gäste wie Katzen, Hunde, aber auch manche Rabenvögel oder sogar Ratten und Mäuse sich an den kleinen, wehrlosen Schildkröten vergreifen. Im Sommer kann der Behälter mit den Jungtieren auch über Nacht im Freien gelassen werden, wenn gewährleistet ist, daß die Temperaturen nicht unter 12 °C sinken und unverhofft auftretender Regen den Behälter nicht überschwemmt und die jungen Schildkröten ertrinken. Bei schlechtem Wetter stellen Sie den Behälter an einem warmen und hellen Platz auf, an dem Temperaturen zwischen 18 und 25 °C herrschen. Nachts darf auch an diesem Platz die Temperatur nicht unter 12 °C fallen. Mitunter wird eine Mindesttemperatur von 15 °C angegeben, die ich nach meinen Erfahrungen nicht empfehlen kann. Im Zimmer muß ein Teil des Terrariums von oben mit einer geeigneten Wärmequelle, wie einer Reflektorlampe, die etwa 60 W Leistung haben soll, beleuchtet werden. Durch Verändern der Entfernung zu den Tieren kann die Temperatur unter der Lampe auf 28 bis 35 °C eingestellt werden. So haben die Schildkröten die Möglichkeit, sich in einem ihnen zusagenden Temperaturbereich zu bewegen. Eine Erwärmung des Bodengrunds mit einem Heizkabel oder mit Heizmatten hat sich für die Pflege der Griechischen Landschildkröte nicht bewährt. Der Bodengrund trocknet hierbei viel zu schnell aus. Außerdem halte ich eine Erwärmung von oben, verbunden mit Licht, für wesentlich natürlicher. Für das Trinkbedürfnis wird eine flache Wasserschale in Form eines kleinen Untertellers oder einer flachen Futterschale in das Terrarium eingebracht. Diese Wasserschale darf höchstens 1 cm hoch mit Wasser gefüllt werden, da sonst hineingefallene Jungtiere ertrinken könnten. Solche Futter- oder Wasserschalen, sowie geeignete Desinfektionsmittel können Sie im Zoofachhandel erwerben. Diese Wasserschale muß täglich mit frischem Wasser gefüllt und auch häufig gereinigt werden. Das Auswaschen dieses Wasserbehälters ist von großer Wichtigkeit, weil die Schildkröten häufig darin baden und ihren Darm entleeren. Somit ist ein Desinfizieren der Schale oder das Trocknen in der Sonne angebracht, um der Verbreitung von Krankheiten oder Parasiten keinen Vorschub zu leisten. Das Terrarium muß häufig mit Wasser übersprüht werden, um für eine ausreichende Substrat- und Luftfeuchtigkeit zu sorgen.

Ein besonderes Augenmerk fällt der Ernährung der kleinen Schildkröten zu. Wie bei den erwachsenen Tieren handelt es sich auch hier um reine Pflanzenfresser. Diesen Bedürfnissen ist uneingeschränkt Rechnung zu tragen. Aus der freien Natur weiß man, daß eine frisch geschlüpfte Landschildkröte während des ersten Lebensjahrs ihre Schlupfmasse lediglich verdoppelt. Dies läßt sich an in menschlicher Obhut gehaltenen Schildkröten aber nur schwer verwirklichen. Das zu nährstoffreiche und übermäßige Futterangebot dürfte der Auslöser für das zu schnelle Wachstum sein. Immer wieder höre ich Aussagen wie: „Meine Schildkröten sind schon kräftig gewachsen" oder „meine Schildkröten sind schon viel größer als gleich alte Tiere anderer Schildkrötenpfleger". Beim Betrachten der Tiere sind dann aber meist ein zu schnelles Wachstum und eine Verfettung, hervorgerufen durch ein Übermaß an Kohlehydraten und Eiweißen, zu erkennen. Manche Schildkröten können sich nicht einmal mehr in den Panzer zurückziehen. Übermäßig viel und vor allem falsches Futter

sind die Ursachen dafür. Nicht alles, was einer Schildkröte schmeckt, ist auch gut für sie. Nehmen wir uns die Natur als Vorbild, so werden wir bald erkennen, daß wir unsere Fütterungsmethode überdenken müssen. Lassen Sie sich nicht dazu verleiten, den kleinen Schildkröten das Futter maulgerecht kleinzuschneiden, denn etwas Anstrengung beim Zerkleinern der Nahrung schadet unseren Nachzuchten bestimmt nicht. Ich empfehle, den Jungtieren das gleiche Futter wie den Alttieren anzubieten. Beachten sie dazu die im Kapitel Ernährung gemachten Angaben.

Bei schönem Wetter kann ein Teil des Frühbeets geöffnet werden, so daß die Sonne ungehindert hineinscheinen kann. Durch das Einbringen von Wurzelholz können die kleinen Schildkröten Schatten- und Versteckplätze aufsuchen und auch das Klettern üben.

Mit Maschen-
draht abge-
deckte Früh-
beetkästen
eignen sich
hervorragend
zur Aufzucht
von Jungtie-
ren.

Freilandterrarium zur Aufzucht von Jungtieren

Auch junge Landschildkröten sollen im Freiland gehalten werden. Da Jungtiere etwas wärmebedürftiger sind, empfehle ich die Anschaffung eines Frühbeetkastens mit ausreichender Grundfläche. Stabile Ausführungen mit Rahmen aus Aluminium sind auf Dauer besser geeignet als Konstruktionen mit Kunststoffrahmen. In Baumärkten und Gartencentern werden geeignete Frühbeetkästen in verschiedenen Abmessungen angeboten. Für zwei bis fünf Jungtiere bis zu einem Alter von fünf Jahren wäre eine Grundfläche von 100 cm Länge und 120 cm Breite ausreichend. Die Seitenfächen und das Dach bestehen bei diesen Früh-

beetkästen aus wärmedämmenden Doppelstegplatten, die etwa 4 mm Stärke aufweisen. Häufig sind bei Frühbeeten dieser Größe vier Deckel vorhanden, die je nach Witterung einzeln geöffnet werden können. Es ist unbedingt darauf zu achten, daß die freien Flächen mit Drahtgaze abgedeckt werden, um das Eindringen von Raubzeug zu verhindern. Im geschlossenen Frühbeet herrscht eine höhere Luftfeuchtigkeit und bei Regen kann das Wasser außen ablaufen. Schon wenige Sonnenstrahlen genügen, um die Temperatur auf einen für Schildkröten angenehmen Bereich zu bringen. Das Überhitzen des Behälters muß unbedingt vermieden werden, denn bei Sonnenschein können schnell Temperaturen auftreten, die für unsere Kriechtiere gefährlich werden. Mit einem Thermometer kann die Temperatur leicht überprüft werden. Automatische Lüftungsvorrichtungen sind im Fachhandel erhältlich und schützen durch Öffnen des Behälterdeckels ab einer einstellbaren Temperatur vor Überhitzung. Ein in das Frühbeet eingebrachter Unterschlupf wird von den Tieren gern zum Schlafen und als Schattenplatz angenommen. Der Bodengrund darf aus normaler Rasenerde, trockenem Sand und Kiesflächen bestehen. Ein Stück Wiese, mit dem Spaten ausgestochen und in den Behälter gebracht, wird von den neugierigen Jungtieren sofort inspiziert und kann nach dem Abweiden leicht durch ein neues Stück ersetzt werden. Eine kleine Wasserschale darf natürlich nicht fehlen und soll nicht in der Nähe der Seitenwände eingebracht werden. Bei den Wanderungen an den Seitenflächen entlang würden die Jungtiere immer durch die Schale laufen und somit das gebotene Wasser schnell verschmutzen.

Durch Einbringen eines oder mehrerer großer Steine kann eine Wärmespeicherung erreicht werden. Die während des Tages aufgeheizten Steine halten ihre Wärme noch lange und geben sie nur langsam ab. Sind die Tiere größer geworden, kann im Anschluß an das Frühbeet ein Auslauf gewährt werden. Bei schlechter Witterung können die Tiere im etwas wärmeren Frühbeetkasten bleiben. Ein unter dem Namen „neogard" angebotenes Frühbeet kann auf die Bedürfnisse der Schildkröten umgebaut werden und ist im einschlägigen Fachhandel zu erwerben. Dieses neogard Satteldach Frühbeet besteht aus noch besser isolierenden, dickeren Doppelstegplatten und hält somit noch besser die während des Tages gespeicherte Wärme. Natürlich können handwerklich begabte Schildkrötenpfleger auch im Selbstbau geeignete Behälter herstellen, welche die gleichen oder sogar noch bessere Dämmwerte aufweisen als die im Handel angebotenen Frühbeetkästen. Die jungen Schildkröten gedeihen in diesen Anlagen gut. Auf zusätzliche Wärmequellen kann bei Griechischen Landschildkröten verzichtet werden, sofern Sie nicht gerade an den kältesten Orten in Deutschland wohnen. Lesen sie dazu die im Kapitel Klimadaten gemachten Angaben.

Empfehlungen zur Aufzucht der Griechischen Landschildkröte *Testudo hermanni boettgeri* und *Testudo hermanni hermanni*.

Bitte beachten sie die Mindestanforderungen für die Haltung Ihrer Schildkröten. Mit dem folgenden Haltungsvorschlag habe ich bei der Aufzucht gute Erfolge erzielt.

Terrarium:

Für zwei bis fünf Nachzuchttiere bis 100 g Körpermasse genügt eine Behältergröße von 100 x 50 cm. Das Bodensubstrat soll etwa 10 cm hoch eingebracht werden und in den unteren Schichten leicht feucht sein. Laubwalderde, Pinienborke, Lehm sowie ungedüngte Gartenerde sind gut geeignet. Eine Bodenheizung ist nicht erforderlich. Als Wärmequelle und Beleuchtung hat sich eine 60 W-Reflektorlampe bewährt, welche im Abstand von etwa 30 cm über den Tieren angebracht ist. Eine flache Wasserschale gefüllt mit frischem Wasser, muß stets vorhanden sein. Als Versteckmöglichkeit haben sich Zweige von Fichten, Tannen oder Rindenstücke als geeignet erwiesen. Das Terrarium ist an einem zugluftfreien Ort aufzustellen.

Freiland:

Im Sommer muß den Tieren unbedingt ein Aufenthalt im Freiland geboten werden, sofern die Temperaturen nicht unter 12 °C fallen. Der Standort des Freilandterrariums muß möglichst sonnig sein. Für Schattenplätze ist zu sorgen.

Futter:

Das beste und hochwertigste Futter für die kleinen Schildkröten wächst sicherlich auf unbehandelten Naturwiesen. Löwenzahn, Spitz- und Breitwegerich, Klee, Gänseblümchen und viele andere Wiesenkräuter sind geeignet.
Kräuter nicht vom Straßenrand nehmen! Salate aus dem eigenen Garten können bedenkenlos verfüttert werden. Bei gekauftem Salat ist ein Waschen unter laufendem Wasser angebracht. Kopfsalat darf wegen der mitunter auftretenden Unverträglichkeit nicht verfüttert werden.

Obst und Gemüse:

Das Verfüttern von Obst soll wegen des oft sehr hohen Fruchtzuckergehalts unterbleiben. Die Gabe von Gemüse ist auf ein Minimum zu beschränken oder soll besser ganz unterbleiben.

Fleisch und Trockenfutter:

Das Verfüttern von fleischlicher Kost sowie von Trocken- und Dosenfutter muß unterbleiben.

Kalk und Vitamine:

Bei Freilandhaltung und vielseitiger, artgerechter Ernährung kann auf zusätzliche Kalk- und Vitamingaben verzichtet werden. Im Terrarium kann Osspulvit, Korvimin ZVT, Welpenkalk, geriebene Sepiaschale oder keimfrei ge- machte, zerstoßene Eischalen über das gebotene Grünfutter gestreut werden.

Bestrahlung mit ultraviolettem Licht:

Als UV-Strahler hat sich die von Osram produzierte Leuchte Ultra Vita Lux 300 Watt bewährt, welche in einem Abstand von einem Meter über den Tieren angebracht und zwei- bis dreimal wöchentlich für etwa zehn Minuten eingeschaltet wird. Die Eignung der im Zoofachhandel angebotenen, neuen UV-Lampen wird erst die Zukunft zeigen.

Baden:

Das regelmäßige Baden der jungen Schildkröten alle zwei Wochen in 2 cm tiefem und 20 bis 25 °C warmem Wasser dient dem Ausgleich des Flüssigkeitshaushalts der Tiere. Junge Schildkröten sind sehr empflindlich gegen Austrocknen.

Krankheiten:
Ein Überprüfen des Panzers und der Gliedmaßen auf Verletzungen muß in regelmäßigen Abständen erfolgen. Die Augen müssen stets klar und offen sein. Eingefallene Augen können auf großen Flüssigkeitsverlust hinweisen. Baden! Die Nase muß trocken sein und beim Atmen dürfen keine Geräusche hörbar sein. Achten Sie auf ein verändertes Gesamtverhalten Ihrer Schildkröten, um beginnende Erkrankungen schon frühzeitig zu erkennen. Wegen Erkältungsgefahr dürfen Sie die Tiere auf keinen Fall auf kalten Zimmerböden laufen lassen! Stellen Sie Erkrankungen fest, ist ein fachkundiger Tierarzt aufzusuchen.

Natürlicher Lebensraum von *Testudo hermanni* in Griechenland. Horstbildende Gräser und Sandflächen wechseln sich ab.

Auch in diesem steinigen Lebensraum in Griechenland ist *Testudo hermanni* zu Hause. Beachtenswert ist die vielfältige Vegetation.

Die Heimatgebiete von *Testudo hermanni* zeichnen sich durch ein mediteranes Klima aus, das durch trockene, heiße Sommer und nicht zu kühle, feuchte Winter gekennzeichnet ist. Die Temperaturen im Frühjahr und Spätsommer sind mit unseren Temperaturen im Hochsommer vergleichbar. *Testudo hermanni* bewohnt im natürlichen Verbreitungsgebiet trockene Landstriche, die durch Buschlandschaften mit niedriger Vegetation geprägt sind. Steinige und trockene Hänge in Küstennähe sowie trockene, lichte Waldgebiete und Pinienwälder mit niedriger Vegetation und Graslandschaften gehören ebenso zum natürlichen Habitat. Nicht selten sind Tiere in der Nähe menschlicher Ansiedlungen anzutreffen. Olivenhaine und Plan-

Im Frühjahr werden die blühenden Olivenhaine gern zur Nahrungsaufnahme aufgesucht. Ende Juni ist die Blütenpracht verschwunden und oft nur noch trockenes Futter vorhanden.

Schlafplatz einer *Testudo hermanni* in Griechenland. Im Vordergrund sind die Blätter der Meerzwiebel zu erkennen, die gern gefressen werden.

tagen werden von den Tieren gerne aufgesucht, denn hier kann durch deren Bewässerung auch im Hochsommer noch genügend geeignete Nahrung gefunden werden. Durch Reisen nach Griechenland, Mittelitalien und Sardinien konnte ich mir ein Bild von der Vielfältigkeit und Schönheit dieser Landstriche machen. Im Frühjahr und Frühsommer leben hier die Tiere in einem wahren Paradies. Jeder, der diese Landstriche im Frühjahr bereist, wird von der Blütenpracht der in den schönsten Farben leuchtenden Blumen begeistert sein. Das milde Klima trägt dazu bei, daß die Schildkröten oft noch bis Mitte Dezember und bereits wieder im Februar aktiv sein können. Der im Frühjahr häufige Regen und die spätere Trockenheit tragen einen großen Teil dazu bei, daß sich die Tiere in ihrem Lebensraum wohl fühlen können. Die Nächte und die kalte Jahreszeit verbringen die Schildkröten eingegraben in ihren Verstekken unter Büschen, abgestorbenen Bäumen, größeren Steinen oder in selbstgegrabenen Schlupflöchern. Während des Frühjahrs sind die Tiere am frühen Vormittag aktiv und ziehen sich während der größten Mittagshitze wieder in ihren Unterschlupf zurück.

Unterschlupf eines Pärchens *Testudo hermanni hermanni* unter einer Pinie.

schlupf verbracht. Es ist erstaunlich, wie ortstreu viele Griechische Landschildkröten sind. Ich habe mehrere Schildkröten beobachtet, die auch über Jahre hinweg immer wieder die gleichen Schlaf- und Versteckplätze aufsuchten. Der Aktionsradius mancher Schildkröten gilt als äußerst bemerkenswert. Ich beobachtete ein *Testudo hermanni*-Männchen in den Sanddünen an der Küste Griechenlands. Das Tier legte in zweieinhalb Stunden eine für diese kleinen Kriechtiere enorme Strecke zurück. Während der Morgenstunden gab es starken Regen, weshalb die Kriechspuren des Tiers im Sand sehr gut zu erkennen waren. Der Zeitraum der Wanderung konnte dadurch recht gut abgegrenzt werden. Ich konnte 227 Schritte von etwa 80 cm Länge zählen, bevor ich das *Testudo hermanni boettgeri*-Männchen beim Verzehren von kleinen gelben Blüten entdecken konnte. Warum dieses Tier an diesem Morgen eine so weite Strecke zurücklegte, vermag ich nicht zu sagen. Ich kann mir nicht vorstellen, daß dieses Tier nur der kleinen gelben Blüten wegen diesen für Schildkröten doch enormen Weg zurücklegte. Vielleicht war dieses Männchen auf der Suche nach einem geschlechtsreifen Weibchen? Die Spuren über Sand laufender Schildkröten

Am späten Nachmittag kommen sie wieder hervor, um die letzten Sonnenstrahlen zum Aufwärmen zu benutzen und noch etwas Nahrung aufzunehmen. Die Nacht wird dann wieder im Unter-

Offene Landschaften mit Buschbewuchs werden gerne als Lebensraum von *T. hermanni* angenommen.

Erschlagene *T. hermanni* am Rande einer Plantage mit Jungpflanzen der Wassermelone. Der hinter der Schildkröte liegende Stein war das Werkzeug dieser Greueltat.

Natürlicher Lebensraum

Ein altes Männchen mit abgetrenntem rechten Vorderbein. Es konnte trotz dieser Behinderung recht gut laufen.

Hier ist der Beinstummel sehr deutlich zu erkennen.

angesehen, weil die frischen und für die Schildkröten wohlschmeckenden Melonenpflanzen verzehrt werden. Schon oft habe ich am Rande solcher Plantagen mehrere getötete Schildkröten gefunden. Die Tiere wurden mit Macheten oder größeren Steinen erschlagen und dann einfach an den Rand der Plantagen geworfen. Auffällig ist, daß an diesen Stellen oft beschädigte Schildkröten angetroffen werden. Die von den Plantagenbesitzern verwendeten Ackergeräte tun ein übriges. – Ich kann mir gut vorstellen, daß von einer Schildkröte, welche von solch einem Ackergerät erfaßt wird, nicht mehr viel übrig bleiben wird. – Zum Glück gibt es in den natürlichen Vorkommensgebieten noch ausreichend unberührte Flächen, an denen die Panzerträger auch in Zukunft noch ausreichend geeigneten Lebensraum vorfinden. Das Schützen der Griechischen Landschildkröte muß meiner Meinung nach in den natürlichen Habitaten der Tiere beginnen. Dieses Schildkrötenparadies wird sich in menschlicher Obhut wohl kaum nachahmen lassen. Darum ist es für die Kriechtiere besonders wichtig, daß die weitere Entnahme von Griechischen Landschildkröten aus der Natur, auch in Zukunft unterbleibt, um die bereits stark dezimierten Bestände, in freier Wildbahn zu schützen.

sind im natürlichen Lebensraum leicht zu erkennen. Leider wird dieser Lebensraum durch die sich ausbreitende Zivilisation immer mehr verdrängt. Landstriche, an denen noch vor wenigen Jahren das Ödland überwog, mußten für den Bau neuer Hotelanlagen herhalten. Auch die Landwirtschaft breitet sich im natürlichen Lebensraum immer weiter aus. Durch Abbrennen und durch Umpflügen wird immer mehr Ackerland gewonnen und zu Kulturflächen umgewandelt. Der Lebensraum für Landschildkröten wird somit immer kleiner, wodurch die Schildkröten versuchen auch die Kulturflächen zu besiedeln. Hier werden die Kriechtiere als Schädlinge

Ein Schildkrötentag

Ich bin eine – etwa 30 Jahre alte – Griechische Landschildkröte mit dem wissenschaftlichen Namen *Testudo hermanni boettgeri* und lebe in Griechenland auf dem Peloponnes, etwa 60 Kilometer von Patras entfernt. Meine Wohnung befindet sich an einem Südhang unter einem abgestorbenen Olivenbaum, direkt unterhalb einer uralten Burgruine. Mein Unterschlupf bietet mir Schutz vor der Sonne und auch bei Regen werde ich nicht naß. Auch den Winter habe ich in meinem Unterschlupf gut überstanden, denn dieser ist in unseren Breiten nicht lang und kalt. Temperaturen unter dem Gefrierpunkt kommen hier nur alle paar Jahre einmal vor und können mir, bin ich gut versteckt, nicht viel anhaben. Jetzt, Mitte April, ist mein Futtertisch reichlich gedeckt und ich fühle mich wie im Schlaraffenland. Neben meiner Wohnung blüht der Affodil, ein wunderschönes Liliengewächs, ja sogar Orchideen blühen hier. Etwa fünf Meter entfernt beginnt ein saftiges Kleefeld und ein Blütenmeer aus allen erdenklichen Farben. Gelbe und rote Blüten schmecken mir besonders gut. Die Nacht, es war 14 °C kalt, habe ich in meiner Wohnung verbracht, um jetzt um 7.30 Uhr vor dieser die wärmenden Sonnenstrahlen zu genießen. Hier liege ich nun, alle Viere von mir gestreckt, und tanke genüßlich Wärme, um dann, um 9.45 Uhr, auf Futtersuche zu gehen. Die Temperatur beträgt nun schon 26 °C, natürlich in der Sonne gemessen. Jetzt im April brauche ich nicht weit zu laufen, den der reich gedeckte Gabentisch beginnt schon einen halben Meter von meiner Wohnung entfernt. Als Erstes mache ich mich über die roten Blüten her, um dann gelbe Blüten zu verspeisen. Auch Klee und die grünen Blätter der Meerzwiebel vertilge ich hin und wieder. Um 11.10 Uhr habe ich meinen Magen mit allerlei wohlschmeckenden Leckereien gefüllt. Jetzt wird es Zeit, mich zurück in meinen Unterschlupf zu begeben. Hier halte ich Siesta, denn die Temperatur ist bereits auf 33 °C angestiegen. Um 14.20 Uhr krieche ich aus meinem Unterschlupf kurz hervor, sehe nach dem Rechten, ziehe mich aber wieder in den Schatten meines Versteckes zurück. Die Temperatur ist auf 35 °C angestiegen, und die Sonne brennt erbarmungslos auf die freie Fläche vor meiner Wohnung. Wie gut, daß ich hier im Schatten sitze! Um 15.25 Uhr läßt die Hitze etwas nach und ich kann mich wieder nach draußen begeben. Bei angenehmen 25 °C nehme ich ein zweites Sonnenbad, um nach einer halben Stunde mich erneut um die wohlschmeckenden gelben Blüten des Klees zu kümmern. Auf dem Nachhauseweg statte ich der Meerzwiebel noch einen kurzen Besuch ab. Ich nehme jetzt sehr viel Nahrung zu mir, denn bereits in sechs Wochen ist von der grünen Pracht nicht mehr viel zu sehen, und ich muß mich mit vertrockneten Blättern begnügen. Außerdem ist es dann schon so heiß, daß ich mich nur sehr früh am Morgen oder kurz vor Sonnenuntergang, aus meinem Unterschlupf wagen kann. Jetzt, um 17.20 Uhr, krieche ich wieder unter meinen alten Olivenbaum, um hier geschützt die nächste Nacht zu verbringen.

Ja, so sieht ein Tag in meinem Leben aus. Streß kenne ich nicht, außer der aufdringliche Schildkrötenmann, welcher etwa 50 Meter entfernt unter einer überhängenden Steinplatte wohnt, kommt zu Besuch, um sich mit mir zu paaren. Hierbei beißt er mich abwechselnd in Kopf und Beine. Ich hoffe, daß mein kleines Paradies noch lange so bleibt und nicht ein Bauer den alten Burghügel wieder mit neuen Olivenbäumen bepflanzt und somit mein Zuhause zerstört. Dies wird hier in Griechenland häufig durch Abbrennen der gesamten Vegetation oder mit einer gräßlichen Maschine bewerkstelligt. Auf Kriechtiere wie mich wird natürlich nicht Rücksicht genommen. Vielleicht hätte ich Glück und käme mit dem Leben davon, aber es wäre wieder ein Stück natürlicher Lebensraum für meinesgleichen verloren.

Altes, sehr helles Weibchen von *Testudo hermanni boettgeri* unweit von Patras.

Auch Schildkröten können erkranken
Systematik, Körperbau, Krankheiten und anderes

Gruppe von *Testudo hermanni hermanni* beim morgendlichen Aufwärmen vor der Schutzhütte.

Systematik

Durch die Vergabe wissenschaftlicher Namen wurde es möglich, die jeweilige Art weltweit sicher zu identifizieren. Die Nomenklatur schreibt vor, daß der gültige Name einer Art aus zwei, der einer Unterart aus drei Namen bestehen muß. Im ersten Namen wird die Gattung, im zweiten die Art und im dritten die Unterart bezeichnet.

Die in diesem Buch vorgestellte Griechische Landschildkröte gehört zur Ordnung Testudines und ist in zwei Unterarten unterteilt (s. u.).

Die westliche Unterart, *Testudo hermanni hermanni* – früher *Testudo hermanni robertmertensi* –, und die östliche Unterart *Testudo hermanni boettgeri* – früher *Testudo hermanni hermanni* – wurden vor einigen Jahren umbenannt, weil festgestellt wurde, daß es sich beim Typusexemplar, nach welchem die Erstbeschreibung stattfand, um ein Tier der heutigen westlichen Unterart, das heißt der Nominatform, gehandelt hatte.

Körperbau

Durch ihren eigentümlichen Körperbau weichen die Schildkröten stark vom charakteristischen Körperbau anderer Reptilien ab. Der Knochenpanzer ist hierbei wohl das wichtigste Unterscheidungsmerkmal. Ein Großteil der Wirbelsäule ist fest mit dem restlichen Knochenpanzer verbunden, in welchem im hinteren Abschnitt das Becken einge-

Semiadultes Weibchen der Westrasse *Testudo hermanni hermanni.*

bettet ruht. Der hochgewölbte Knochenpanzer bietet eine gute Festigkeit in Verbindung mit relativ guter Elastizität. Der Rückenpanzer wird Carapax genannt und ist mit dem Bauchpanzer, welcher als Plastron bezeichnet wird, starr verbunden. Der Knochenpanzer ist mit Hornplatten überzogen, die in der Form und Größe nicht mit den eigentlichen Knochenplatten übereinstimmen. An den Areolen dieser Hornplatten sind Wachstumsringe zu erkennen, die aber keinen Aufschluß über das Alter des jeweiligen Panzerträgers geben. Sie zeigen lediglich einzelne Wachstums-

phasen an. Rippen im eigentlichen Sinn, wie sie bei Wirbeltieren vorkommen, fehlen bei unseren Schildkröten. Die freie Beweglichkeit der Wirbelsäule ist durch die Verbindung mit dem Panzeraufbau, mit Ausnahme von Kopfteil und Schwanzteil, stark behindert. Das Zurückziehen des Kopfs in den Panzer wird durch Krümmen der Halswirbelsäule und durch das Fehlen von Querfortsätzen an den Halswirbeln erleichtert. Die Füße weichen kaum vom typischen Erscheinungsbild anderer Reptiliengruppen ab. Zehen sind nicht ausgebildet. Stattdessen sind die Füße mit kräftigen

Nägeln ausgestattet, welche ausgezeichnet zum Graben und auch zum Klettern geeignet sind. Die Kiefer sind nicht mit Zähnen besetzt, sondern weisen kräftige, ineinandergreifende Hornschneiden auf. Der Kopf und das Gehirn sind im Verhältnis zum restlichen Schildkrötenkörper relativ klein, gewährleisten aber in Verbindung mit dem Nervensystem und dem kräftigen Rückenmark das einwandfreie funktionieren des gesamten Organismus. Die am Hals, Oberarm und Oberschenkel vorhandene Haut ist lederartig und wird, wie bei anderen Reptilien, von Zeit zu Zeit abgestoßen. Die restlichen Teile der Beine, des Kopfs und des Schwanzes sind mit hornartigen Schuppen bedeckt. Bei der Griechischen Landschildkröte befindet sich am Ende des Schwanzes ein Hornnagel, der bei geschlechtsreifen Männchen eine erhebliche Größe aufweisen kann. Dieser Hornnagel dürfte die Funktion einer Penisstütze und eines taktilen Reizorgans besitzen und somit bei der Paarung eine Rolle spielen. Die bei unseren Pfleglingen innen liegenden Geschlechtsorgane sind gut ausgebildet. Männliche Tiere stülpen den Penis mitunter während und nach einem Bad aus. Dies ist besonders oft im Frühjahr und während der Paarungszeit zu beobachten. Die inneren Organe liegen gut geschützt im Knochenpanzer eingebettet.

Sinnesorgane

Die Sinnesorgane sind bei Schildkröten relativ gut entwickelt. Das Farbsehvermögen scheint besonders gut im Bereich von rot und gelb ausgebildet zu sein. Rote Früchte wie Erdbeeren oder Kirschen sowie gelbe Blüten werden von den Tieren sehr gut wahrgenommen. Bewegungen können die Schildkröten schnell erkennen, wenn beispielsweise bewegte Objekte Schatten werfen. Erschütterungen des Bodens werden durch die Schildkröten bemerkt, so daß es nicht leicht ist, sich einem scheinbar schlafenden Tier zu nähern. Leichteste Berührungen werden wahrgenommen, selbst wenn sich die Berührung auf den mit Hornplatten überzogenen Rückenpanzer bezieht. Das Gehör ist für Reptilien anatomisch normal ausgebildet, wobei aber nur Töne im niedrigen Frequenzbereich wahrgenommen werden können.

Am besten scheint der Geruchssinn ausgebildet zu sein. Auch über für Schildkrötenverhältnisse größere Entfernungen können sie durch Erriechen bevorzugte Nahrungsmittel und vor allem Geschlechtspartner zielstrebig auffinden. Der Geschmacksinn scheint ebenfalls sehr gut ausgebildet zu sein, denn viele Individuen können aus einer Vielzahl von gebotenen Futterpflanzen die für sie besonders wohlschmekkenden herausfinden. Es ist beeindruckend, wie viele Individuen immer zuerst die von ihnen bevorzugten Futterpflanzen vertilgen. Die Stimmfähigkeit der Schildkröten scheint ausschließlich auf das bei der Paarung geäußerte Piepsen beschränkt zu sein. Die beim Aufnehmen der Schildkröten häufig zu hörenden Zischlaute entstehen durch ruckartiges Einziehen des Kopfs und der Gliedmaßen, wobei Luft aus der Lunge ausgestoßen wird. Es kann somit nicht als Stimme bezeichnet werden.

Tierarzt

Erkundigen Sie sich bereits bei der Anschaffung Ihrer Schildkröten um den Namen und die Anschrift eines Tierarztes, welcher Erfahrung in der Behandlung von Reptilien besitzt. Ein Schildkrötenpfleger oder der Zoofachhändler werden Ihnen hierbei sicherlich weiterhelfen können. Zur Erleichterung einer korrekten Diagnose durch den Tierarzt kann die nebenstehende Checkliste (nach EGGENSCHWILER) beitragen. Das Transportieren des Tiers erfolgt am besten in einem Gefäß aus Kunststoff, in das ausnahmsweise kein Bodensubstrat eingebracht wird. Häufig entleeren die Schildkröten während des Transports ihren Darm, was eine sofortige Kotuntersuchung möglich macht. Die Warmhaltung des Tiers versteht sich von selbst. Eine Wärmflasche hat sich hierfür bestens bewährt.

Die für eine schnelle und vor allem richtige Diagnose sehr wichtige Checkliste sollten Sie Ihrem Tierarzt vorlegen können. Ich halte diese Angaben für sehr wichtig, denn damit können Sie dem Tier unter Umständen das Leben retten oder eine schnellere, genauere Diagnose und somit Heilung herbeiführen. Halten Sie sich genau an die Anweisungen des Tierarztes bei der Anwendung von Medikamenten. Grundsätzlich ist es besser, verfrüht einen Tierarzt aufzusuchen als zu spät. Die bei Schildkröten häufigsten Erkrankungen sind Parasitosen, Erkrankungen der Atemwege, Nierenleiden, Durchfall, Wachstumsstörungen, Legenot, Verletzungen und Harnabsatzstörungen.

1. Gattung und Art
2. Geschlecht:
   Männchen / Weibchen / Jungtier
3. Alter:
   Die Größe gibt keine Auskunft über das Alter.
4. Woher stammt das Tier (Züchter oder Zoohandel)?
   Parasitäre Probleme oder Transportstreß
5. Wildfang oder Nachzucht: Wie lange in menschlicher Obhut?
6. Wie lange besitzen Sie das Tier?
7. Haltungsfragen: in Gruppe/allein
   · Geschlechter-/Artenverteilung
   · Temperaturbedingungen
   · Freiland- oder Zimmerhaltung
   · Ernährung
8. Kamen neue Tiere in den Bestand?
   Zukauf, Ferientier?
   Wann zuletzt? Welche?
9. Bestands- oder Einzelproblem
10. Gab es in letzter Zeit sonstige Ausfälle?
11. Wann wurden die Probleme zuerst bemerkt?
12. Wann wurde zum letzten Mal Nahrungs- und Wasseraufnahme beobachtet?
13. Problemstellung vom Halter aus gesehen
14. Wurde eine Vorbehandlung durchgeführt?
15. Allgemeinzustand
16. Ihre Verdachtsdiagnose?

Achten Sie darauf, daß der Tierarzt keine Medikamente in die Hinterbeine des Tiers injiziert, um Schädigungen der Nieren weitgehend zu vermeiden. Die Temperatur während des Transports darf nicht unter die notwendige Grundwärme fallen.

Krankheiten

Wie alle Lebewesen können auch Schildkröten einmal erkranken. Ist dies der Fall, so wissen Sie als verantwortungsbewußter Schildkrötenpfleger schon vorher die Adresse eines Tierarztes, der Erfahrung in der Behandlung von Reptilien besitzt. Ich vertrete die Meinung, daß es wichtig ist, die Schildkröten unter annähernd optimalen Bedingungen zu pflegen, um damit das Ausbrechen schwerer Erkrankungen schon im Vorfeld zu unterbinden. Wer mehrere Tiere in einer Gruppe pflegt, tut gut daran, jederzeit einen Quarantänebehälter griffbereit zu haben. Dieser Behälter muß allen erforderlichen Ansprüchen der erkrankten Schildkröte entsprechen und muß natürlich leicht zu reinigen und zu desinfizieren sein. Als Bodengrund hat sich hierbei Zeitungspapier oder Wellpappe als gut geeignet erwiesen. Dieser kann ohne viel Aufwand, leicht täglich erneuert werden. Bemerken Sie bei einem der Tiere ungewohnte oder auffällige Verhaltensweisen, wie Freßunlust oder Bewegungsunlust, kann der Patient vorsorglich zur genaueren Kontrolle, in einen Quarantänebehälter überführt werden. Hier kann leichter Aufschluß über die Menge des angenommenen Futters und der Ausscheidungen erhalten werden. Außerdem kann die Schildkröte hier vielleicht besser unter optimalen Bedingungen hinsichtlich Wärme oder Luftfeuchtigkeit gehalten werden. Ich habe nicht vor, alle möglichen Erkrankungen unserer Pfleglinge aufzulisten und die dazugehörigen Therapiemöglichkeiten aufzuzeigen. Dies würde den Rahmen dieses Buchs sprengen. Für Interessierte gibt es bereits Fachbücher, die sich mit der Behandlung von Reptilien oder speziell von Schildkröten befassen. Meiner Meinung nach darf der Gang zum Tierarzt bei schwerwiegenderen Erkrankungen der Schildkröten in keinem Fall ausbleiben. Kotuntersuchungen, das Bestimmen von Parasiten und anderen Krankheitserregern werden wohl nur von den wenigsten Schildkrötenhaltern selbst durchgeführt werden können. Sehr häufige Erkrankungen der Griechischen Landschildkröte sind Erkältungen und Parasitosen. Am besten ist es natürlich, diese relativ häufig auftretenden Erkrankungen durch prophylaktische Maßnahmen erst gar nicht aufkommen zu lassen. Bei jeder Behandlung ist auf eine gesteigerte Wärmezufuhr zu achten, um den Stoffwechsel der Schildkröte unter verbesserten Bedingungen weiter laufen zu lassen. Auf einige Krankheiten möchte ich etwas genauer eingehen, um dem Leser einige Möglichkeiten aufzuzeigen, diese selbst behandeln zu können.

Weitere Hinweise in: POLASCHEK, G. & K. 1997. Die Griechische Landschildkröte. Eichgraben, Österreich.

Durchfall:

Leichter Durchfall, wie er beispielsweise im Frühjahr – bedingt durch schlechte Witterung – bei mancher Schildkröte zu beobachten ist, läßt sich gut durch zusätzliche Wärmezufuhr und das Füttern von frischen Weidenblättern und Pflanzen mit hohem Rohfaseranteil beheben. Tritt nicht binnen einer Woche eine Besserung ein, bleibt der Gang zum Tierarzt, der den Grund für den hartnäckigen Durchfall durch eine Kotuntersuchung feststellen kann, nicht aus.

Erkältung:

Leichter Nasenausfluß sowie geschwollene und trübe Augen lassen auf eine Erkältung schließen. Schon durch Erhöhung der Umgebungstemperatur und der Luftfeuchtigkeit lassen sich leichte Fälle kurieren. Warme Inhalationsbäder und das Einreiben der Kehlschilder mit für Kleinkinder geeignetem Erkältungsbalsam oder vergleichbaren ätherischen Ölen haben bei meinen Schildkröten für ein rasches Abklingen der Symptome und schnelle Heilung gesorgt. Öffnet die Schildkröte während des Einatmens das Maul und sind hierbei pfeifende Geräusche zu hören, so besteht der dringende Verdacht auf Lungenentzündung. Diese muß schnellstens von einem Tierarzt durch Verabreichen von Antibiotika behandelt werden. Hierzu hat sich gut das Medikament Baytril bewährt, welches vom Tierarzt genau dosiert und injiziert wird. Dieses Medikament wird an fünf aufeinanderfolgenden Tagen gespritzt.

Augenentzündungen:

Geschwollene und verklebte Augen, welche nicht oder nur teilweise geöffnet werden, lassen auf eine Entzündung schließen. Auch ein Mangel an Vitamin A kann dieses Symptom verursachen. Eine entzündungshemmende und Vitamin-A-haltige Augensalbe hilft hier bei regelmäßiger Anwendung recht schnell. Eingefallene Augen sind oft ein Hinweis auf das Fehlen von Flüssigkeit. Der Schildkröte ist die Möglichkeit eines ausgiebigen, warmen Bads zu bieten. Achten Sie vorsorglich auf eine ausreichende Luftfeuchtigkeit und geeignete Trink- und Bademöglichkeiten. Viele Schildkröten trinken nur während des Bads.

Verletzungen:

Leichte Bißwunden, wundgescheuerte Stellen im Kloakenbereich, abgebissene Schuppen an den Vorderbeinen und andere leichte Verletzungen habe ich stets vorsorglich desinfiziert und mit Wundsprühverband abgedeckt. Eine Heilung dieser Verletzungen dürfte sicherlich kein größeres Problem darstellen. In hartnäckigen Fällen empfehle ich das Auftragen einer Wund- oder Heilsalbe. Das Vermeiden von Beißereien durch bessere Gruppenzusammenstellung und das zeitliche Abtrennen von besonders beißwütigen Männchen ist hier bestimmt angebracht.

Parasitosen:

Einige bei Schildkröten recht häufig vorkommenden Erkrankungen werden durch das massenhafte Auftreten von

Parasiten hervorgerufen. Auf einige möchte ich etwas näher eingehen.

Ektoparasiten

Parasiten sind Lebewesen, die zu den Wirbellosen gehören können, aber auch einzellige Organismen gehören in diese Gruppe. Es sind Schmarotzer, die ihrem Wirt die für sie notwendige Nahrung entziehen. Bei freilebenden Schildkrötenpopulationen sind Parasiten häufig anzutreffen. Diese durch Schmarotzer hervorgerufene Erkrankungen sind manchmal völlig harmlos, aber auch Schädigungen, die zum Tod des Wirtstiers führen, können vorkommen. Bei Schildkröten kommen häufig Ektoparasiten vor. Hierbei handelt es sich um außen aufsitzende Schmarotzer, wie Zecken, Milben oder Fliegenmaden.

Zecken sind häufig schon mit bloßem Auge zu erkennen und müssen unbedingt entfernt werden. Sie siedeln sich häufig in den Beinhöhlen sowie am Kopf oder in der Nähe des Schwanzes an. Zecken gelten als Überträger vieler Krankheiten.

An den Bißstellen können Entzündungen auftreten. Durch Drehen mit den Fingern oder mit einer Pinzette, können die Zecken entfernt werden. Dabei darf der im Gewebe des Wirts sitzende Kopf nicht abgerissen werden. Geschieht dies trotzdem, so kann mit enzündungshemmenden Salben Abhilfe geschaffen werden. Oft kapselt sich diese Stelle ab und wird mit der nächsten Häutung abgestoßen. Ein Einölen der Zecken sowie das Bepinseln mit Vaseline oder mit giftigen Stoffen, wodurch die Zecken absterben, ist nicht ratsam und sollte keine Anwendung finden, da die langsam sterbenden Zecken noch Krankheiten auf den Wirt übertragen können.

Milben spielen meines Wissens bei Schildkröten keine große Rolle. Bei *Testudo hermanni* sind mir keine Fälle von Milbenbefall bekannt.

Fliegenmaden sind häufig während des Sommers an Verletzungen zu finden. Bei *Testudo hermanni* sind die Männchen besonders häufig betroffen. Bei ihren Paarungsversuchen kann es vorkommen, daß die Kloakenregion durch andauernde Paarungsversuche und durch häufiges Aufreiten wundgescheuert wird. Auf die nässende Stelle werden dann Fliegeneier abgelegt, aus denen nach etwa ein bis zwei Tagen, kleine Fliegenmaden schlüpfen. Diese setzen sich im befallenen Gewebe fest und fressen sich von dort aus in tiefere Gewebsschichten. Kontrollieren Sie häufig kopulierende Männchen, aber auch Weibchen können durch die Paarungsaktivitäten verletzt werden. Stellen Sie einen Befall durch Fliegenmaden fest, so sind alle Maden vollständig zu entfernen. Die tieferen Gewebsschichten müssen mit einer desinfizierenden Lösung behandelt werden. Je nach Umfang der Entzündung werden vom Tierarzt Antibiotika verabreicht. Ein regelmäßiges Kontrollieren des Bestands während der Sommermonate ist notwendig, um Verletzungen schon frühzeitig zu erkennen und einem Fliegenmadenbefall vorzubeugen.

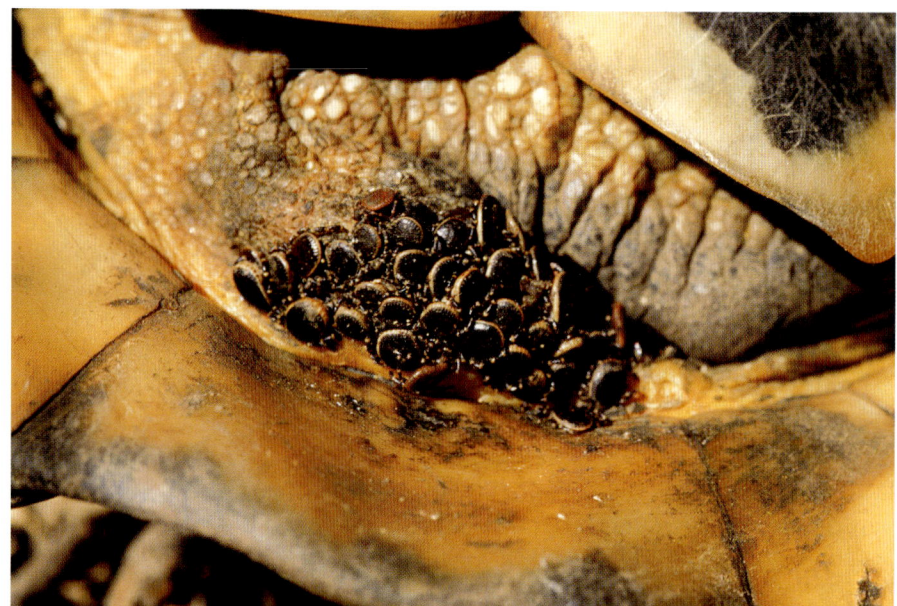

Zecken oberhalb der Schwanzwurzel einer Breitrandschildkröte in Griechenland.

Durch Drehen mit einer Pinzette lassen sich auch solche riesigen Zecken leicht entfernen.

Endoparasiten

Hierbei handelt es sich um Parasiten, die im Inneren der Schildkröte verborgen leben. In der Regel wird das Vorhandensein solcher Parasiten durch deren Eier – anläßlich einer Kotuntersuchung durch den Tierarzt – nachgewiesen. Stellt der Tierarzt bei einem Tier diese Würmer fest, so ist es angebracht, den gesamten Bestand zu entwurmen, um eine erneute Vermehrung zu vermeiden. Durch Gruppen- und Freilandhaltung werden immer wieder Endoparasiten auftreten, welche meist unbemerkt bleiben. Erst durch Verweigern von Nahrung, verbunden mit Abnahme der Körpermasse wird das eventuelle Vorhandensein von Innenparasiten vermutet.

Wurmkuren müssen mit einem Tierarzt abgesprochen werden, welcher die Art des zu verabreichenden Medikaments und dessen Dosierung festlegt. Die am häufigsten bei unseren Griechischen Landschildkröten vorkommenden Innenparasiten dürften Nematoden sein. Diese lassen sich leicht durch ihre relativ großen, dickschaligen und ovalen Eier nachweisen. Die den Endabschnitt des Darms besiedelnden und etwa 1 bis 8 mm großen Parasiten scheinen ihrem Wirt nur bei massenhaftem Befall zu belasten. Sie können die Darmschleimhaut schädigen und somit Eintrittspforten für Bakterien schaffen. Zur Therapie der Schildkröten müssen Sie einen Tierarzt konsultieren.

Askariden fallen manchmal schon allein durch ihre Größe auf. Sie erreichen eine enorme Größe und können 8 bis 12 cm lang werden. Ihre hartschaligen Eier sind rundlich bis oval und sind nicht oder nur wenig gefurcht. Auch hier müssen Sie zur Behandlung der Schildkröte einen Tierarzt konsultieren.

Infektionen durch einzellige Parasiten, wie beispielsweise Hexamiten, Amöben und Kokzidien müssen vom Tierarzt festgestellt und behandelt werden. Handeln Sie nicht voreilig und halten sie sich genau an die Dosierungsanweisung des Tierarztes. Ich möchte hier bewußt keine Dosierungsangaben von Medikamenten machen, um zu vermeiden, daß Therapien ohne tierärztlichen Rat durchgeführt werden. Besondere Beachtung muß dem in der Nutztierpraxis häufig verwendeten Präparat Citarin (Bayer) geschenkt werden. Dieses Präparat scheint das Gewebe zu schädigen und darf deshalb bei Schildkröten keine Anwendung finden. Meine mit Citarin behandelten Schildkröten wiesen eine Rotverfärbung des Kots auf, stellten die Nahrungsannahme ganz ein und verendeten. Ich rate Ihnen, den Kot Ihrer Pfleglinge einmal jährlich untersuchen zu lassen. Oft ist schon allein durch genaues Beobachten der Schildkröten und das Bemerken auffälliger Veränderungen in deren Verhalten auf eine beginnende Erkrankung zu schließen. Eine ausgewogene und vor allem sinnvolle Ernährung und natürlich die optimale Unterbringung der Schildkröten halte ich für die beste Prophylaxe, um eine dauerhafte Gesunderhaltung der unserer Obhut unterstellten Schildkröten zu gewährleisten.

Ausgeschiedener Spulwurm nach Verabreichung eines Wurmmittels. Diese Würmer können noch wesentlich größer werden und ihrem Wirt ernsthaft Schaden zufügen.

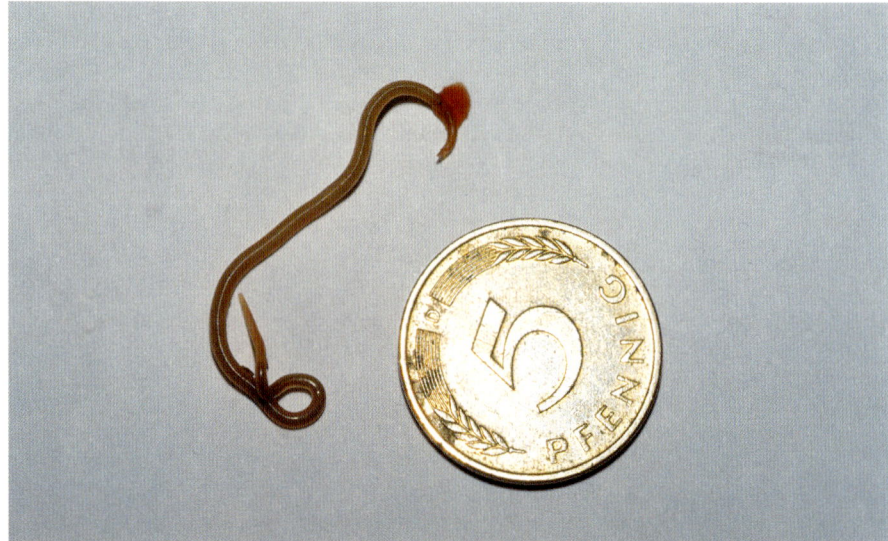

Durch Hundeverbiss beschädigtes Jungtier der östlichen Unterart *Testudo hermanni boettgeri* im natürlichen Lebensraum.

Bastarde

Unterartbastarde der Griechischen Landschildkröte kommen in der Natur aufgrund der getrennten Verbreitungsgebiete nicht vor, Kreuzungen mit anderen Schildkrötenarten sind jedoch nicht auszuschließen. Unter menschlicher Obhut sind bereits öfter Bastarde zwischen den beiden Unterarten der Griechischen Landschildkröte, *Testudo hermanni hermanni* und *T. hermanni boettgeri*, bekannt geworden. Diese Bastarde zeigen dann Merkmale beider Unterarten. Um die Reinheit der Unterarten zu gewährleisten, sollten niemals adulte Tiere beider Unterarten in einem Gehege zusammen gepflegt werden.

Bastarde der Griechischen Landschildkröte mit der Steppenschildkröte *Agrionemys horsfieldii* sind vereinzelt auch vorgekommen. In meinem Bestand legte ein Weibchen der Steppenschildkröte vier Eier ab, aus denen lediglich aus einem ein Jungtier schlüpfte. Beim Öffnen der verbliebenen drei Eier kamen völlig entwickelte, aber bereits durch verschiedene Mißbildungen abgestorbene Feten zum Vorschein. Das geschlüpfte Jungtier war sehr kontrastreich und ansprechend gefärbt, zeigte aber im Bereich der Augen starke Veränderungen, die auf eine Deformierung schließen ließen. Die Augen waren sehr klein und meistens geschlossen. Es war

Den schwarzen Strich auf dem Schwanz hat dieser Bastard von seiner Mutter *Testudo marginata,* die Höckerschuppen auf den Oberschenkeln von seinem Vater einer *T. graeca,* übernommen.

Bastarde sind ausgesprochen schnellwüchsig und sehr robust. Carapaxansicht von links *Testudo graeca*, Mitte Bastard, rechts *Testudo marginata*.

Plastronansicht der gleichen Tiere. Links *Testudo graeca*, Mitte Bastard, rechts *Testudo marginata*.

mir nicht möglich, festzustellen, ob der Bastard überhaupt sehen konnte. Es hatte den Anschein, als ob die kleine Schildkröte lediglich durch Riechen Nahrung fand. Leider verendete der Mischling nach etwa einem Jahr (der Schlupf dieses Bastards wurde von einem Freund auf Video festgehalten und kann somit Interessierten Liebhabern zugänglich gemacht werden, s. S. 95). Durch dieses Erlebnis kam ich zu dem Entschluß, Griechische Landschildkröten und Steppenschildkröten nicht mehr in einem Gehege zu halten. Auf eine weitere Bastardierung möchte ich hier noch aufmerksam machen. Auch das Pflegen von geschlechtsreifen Breitrandschildkröten, *T. marginata*, und Maurischen Landschildkröten, *T. graeca*, in einem Gehege ist abzulehnen, denn hier besteht ebenfalls die Gefahr, Bastarde zu erhalten. Diese Bastarde sehen den Breitrandschildkröten sehr ähnlich, zeigen auf dem Plastron nicht die für *T. marginata* typischen dreieckigen schwarzen Flecke. Diese Mischlinge zeigen am Plastron keinerlei Pigmentierung. Die Höckerschuppen neben den Oberschenkeln, die als Erkennungsmerkmal für *T. graeca* gelten, sind bei diesen Tieren ebenfalls vorhanden. Ein schwarzer Strich auf dem Schwanz, der normalerweise nur bei *T. marginata* zu sehen ist, tritt bei den Mischlingen ebenfalls auf. Solche Mischlinge erweisen sich allerdings als besonders robust und überaus schnellwüchsig. Aus wissenschaftlicher Sicht mögen diese Artbastarde durchaus von Interesse sein,

aber um die Arten für die weitere Zukunft möglichst rein zu erhalten, sind solche Kreuzungen unter allen Umständen zu vermeiden. Besitzen Sie bereits Tiere verschiedener Arten, so kann durch Tausch mit gleichgesinnten Schildkrötenhaltern versucht werden, in einem Gehege möglichst nur Tiere einer Art oder Unterart zu pflegen.

Anzahl der Anomalien
Hinsichtlich der Panzerschilder ist die Griechische Landschildkröte sehr variabel. Es treten immer wieder Tiere auf, die vom typischen Erscheinungsbild abweichen. Oftmals ist hierdurch eine eindeutige Bestimmung der Unterartzugehörigkeit für den ungeübten Pfleger erschwert. Die Gesamtheit der Merkmale oder die Herkunft der Tiere müssen bei der Artenbestimmung auch berücksichtigt werden.
Folgende Abweichungen der Beschilderung, habe ich bei *T. hermanni* feststellen können.

Oberschwanzschild (Postcentralschild):
Es ist in der Regel geteilt, manchmal kommen Individuen mit ungeteiltem Oberschwanzschild vor. Es handelt sich bei diesen Schildkröten einwandfrei um *Testudo hermanni*. Das typische Erkennungsmerkmal von *Testudo graeca* ist das ungeteilte Oberschwanzschild. Aber auch hier bestätigen Ausnahmen die Regel. *Testudo graeca* besitzt keinen Hornnagel am Schwanzende, dafür aber kegelförmige Hornschuppen zwischen

81

Testudo hermanni boettgeri-Männchen mit ungeteiltem Oberschanzschild. Der Schwanzendnagel ist bei diesem Tier abgebrochen.

Testudo graeca ibera mit deutlich geteiltem Oberschwanzschild.

metrisch angeordnete Wirbelschilder bekannt.

Nackenschild (Praecentralschild):

Dieses kleine Nackenschild ist bei allen europäischen Arten der Gattung Testudo zu finden, kann aber ebenso bei allen Arten ausnahmsweise einmal fehlen.

Seitliche Wirbelschilder (Lateralschilder):

In der Regel besitzt Testudo hermanni auf jeder Rückenpanzerseite vier Schilder. Diese Schilder können wiederum diagonal geteilt sein oder in größerer Stückzahl auftreten. Auch Verschmelzungen mehrerer Schilder zu einem Schild können vorkommen. Mitunter wird bei Nachzuchttieren diese etwas merkwürdig aussehende Anomalie der Schilder festgestellt. Auch bei wildlebenden Tieren habe ich diese oder andere Mißbildungen der Carapaxschilder feststellen können. Es ist nicht genau geklärt, wodurch die Veränderung der Schilder hervorgerufen wird. Durch Drehen der Eier im Inkubator soll diese Anomalie entstehen. Bei meinen Nach-

den Oberschenkeln der Hinterbeine und dem Ansatz des Schwanzes.

Wirbelschilder (Centralschilder):

Die in der Regel fünf Wirbelschilder können manchmal um weitere Schilder vermehrt oder geteilt angeordnet sein. Auch sind diagonal geteilte oder asym-

zuchttieren treten immer wieder einmal solche Veränderungen der Schilder auf. Tiere mit Schilderanomalien wachsen genau wie normale Tiere und haben keinerlei Nachteile durch diese Veränderung. Eine Schilderanomalie kann auch einseitig auftreten.

Krallen:

Bei *Testudo hermanni* können an den Vorderbeinen statt fünf ausnahmsweise nur vier Krallen vorhanden sein. Das eigentlich zur Erkennung der Steppen- oder Vierzehenschildkröte, *Agrionemys horsfieldii*, bestehende Artenmerkmal kann auch *T. hermanni* auf-

Eine Laune der Natur: Siamesischer Zwilling einer *Testudo hermanni boettgeri*. Beide Köpfe sind in der Lage, Nahrung aufzunehmen.

weisen. Auch eine einseitig abweichende Anzahl der Krallen kann vorkommen.

Testudo graeca graeca-Pärchen mit geteilten Oberschwanzschildern. Diese Anomalie kommt bei *Testudo graeca* recht selten vor.

Dieses Jungtier weist eine Anomalie der Wirbelschilder (Centrale) und der vorderen Randschilder (Marginale) auf, was recht selten ist.

Artenschutz und Klimadaten

Mindestanforderungen an die Haltung von Reptilien
vom 10.Januar 1997

Die folgenden Ausführungen beziehen sich ausschließlich auf *Testudo hermanni* und wurden von der Sachverständigengruppe tierschutzgerechte Haltung von Terrarientieren herausgegeben.

Wer ein Tier hält, betreut oder zu betreuen hat, muß dieses seiner Art und seinen Bedürfnissen entsprechend angemessen ernähren, pflegen und verhaltensgerecht unterbringen. Er darf die Möglichkeit des Tiers zur artgemäßer Bewegung nicht so einschränken, daß ihm Schmerzen oder vermeidbare Leiden oder Schaden zugefügt werden. (§ 2 des Tierschutzgesetzes)

Deshalb müssen vor dem Kauf eines Reptils Kenntnisse über die Biologie der betreffenden Art und die sich daraus ergebenden Haltungsanforderungen erworben, sowie ein Terrarium für seine artgemäße Haltung vorbereitet werden. Dem Erwerb von Nachzuchten ist grundsätzlich der Vorzug zu geben. Arten, die der fachlich informierte (sachkundige) Anfänger halten kann oder die nur der Spezialist halten soll, sind im Gutachten besonders gekennzeichnet. Alle als „nur für den Spezialisten geeignet" gekennzeichneten Arten eignen sich nicht für den „Einstieg" in die Reptilienhaltung. Das Gutachten soll und kann das Studium entsprechender Fachliteratur nicht ersetzen und ist als alleinige Quelle für den Erwerb von Wissen über die Reptilienhaltung nicht geeignet.

Die Angaben im speziellen Teil entsprechen dem derzeitigen Erkenntnisstand, sie sollen in regelmäßigen Abständen auf ihre Aktualität überprüft und erforderlichenfalls überarbeitet werden.

Allgemeiner Teil

Klimatisierung und Beleuchtung

Reptilien sind wechselwarme (ectotherme) Tiere, deren Lebensfunktionen in hohem Maße von den Umweltbedingungen abhängen. Demzufolge ist eine den natürlichen Verhältnissen entsprechende Klimatisierung der Gehege für ihre erfolgreiche Pflege und Zucht von entscheidender Bedeutung. Um das zu gewährleisten, ist entsprechend der artspezifischen Bedürfnisse in der Regel ein Temperaturgefälle im Haltungssystem und eine Nachtabsenkung der Umgebungstemperatur notwendig. Die Spannbreite dieser Minimal- und Maximaltemperatur sowie die Vorzugstemperatur können sehr verschieden sein; Hinweise dazu werden im speziellen Teil gegeben. Insbesondere muß berücksichtigt werden, daß viele Reptilien thermoregulatorische Verhaltensweisen besitzen, die es ihnen ermöglichen, während der Aktivität eine mehr oder weniger konstante Körpertemperatur (auch als „Betriebstemperatur" bezeichnet) aufrecht zu erhalten. Für bestimmte Arten ist auch die mit Licht gekoppelte Strahlungswärme wichtig. Auf die Verwendung geeigneter Lampen/Leuchtstoffröhren und die sachgerechte Anbringung ist zu achten (u. a. wegen Verbrennungsgefahr). Die Beleuchtungsintensität hat für die Aktivität, die Färbung und die Gesundheit Bedeutung.

Zwei weitere wichtige Faktoren für die Gesunderhaltung der Reptilien sind die Luft und die Substratfeuchtigkeit. Alle Umweltfaktoren sollen den natürlichen Verhältnissen der Herkunftsbiotope weitestgehend entsprechen. Dabei muß berücksichtigt werden, daß nicht nur das Makroklima, das heißt die aus einem Klimaatlas gewonnenen Daten, sondern vor allem das Mikroklima, das mitunter erheblich vom Makroklima abweichen kann, für die Gesundheit und das Wohlbefinden entscheidend ist. Geeignete Geräte zu Messung von Temperatur und Luftfeuchtigkeit müssen vorhanden sein.

Ernährung

Zu gewährleisten ist eine adäquate Ernährung. Das eingesetzte Futter muß einen den Ernährungsbedürfnissen entsprechenden Gehalt an Vitaminen, Mineralien und Ballaststoffen aufweisen. Für Möglichkeiten einer artgemäßen Wasseraufnahme ist zu sorgen.

Terrariengestaltung

Die Gehegegestaltung und die Infrastruktur des künstlichen Lebensraums muß sich an den Bedürfnissen der zu pflegenden Art orientieren. Zu den wichtigsten Mindestausstattungen gehören:

- geeignetes Bodensubstrat in genügender Höhe,
- Versteckmöglichkeit,
- Wasserbecken,
- eventuell Bepflanzung zur Herbeiführung eines geeigneten Mikroklimas, als Versteckmöglichkeiten,
- bei Haltung geschlechtsreifer eierlegender Weibchen spezielle Eiablagemöglichkeit.

Sichtschutzeinrichtungen innerhalb eines Geheges oder zwischen einzelnen Gehegen können erforderlich sein.

Vergesellschaftung

Um sozialen Streß bei Paar- und Gruppenhaltung zu vermeiden, muß auf die natürliche Sozialstruktur geachtet werden, wobei im Terrarium jedoch nicht immer die natürliche Sozialstruktur, beispielsweise mit einem dominanten und mehreren rangniederen Männchen in einer Gruppe, möglich ist. Auch müssen individuelle Unterschiede der Tiere bei der Vergesellschaftung berücksichtigt werden. Es ist empfehlenswert mehrere Futterstellen einzurichten.

Eine Vergesellschaftung verschiedener Arten mit gleichen Biotopansprüchen ist möglich, die Tiere dürfen sich jedoch nicht negativ beeinflussen.

Terrariengröße

Allgemeingültige Angaben zur Terrariengröße können nicht gemacht werden. Die Maße sollten sich auf die Kopf-Rumpf-Länge, Körperlänge oder Panzerlänge beziehen und den natürlichen Bewegungsbedarf angemessen berücksichtigen.

Pflege

Eine artgemäße Pflege schließt Grundnormen der Sauberkeit und Hygiene, eine regelmäßige Gesundheitskontrolle und erforderlich werdende Behandlungsmaßnahmen ein.

Sonderbedingungen

Für Quarantäne und Behandlung erkrankter Tiere sowie bei der Simulation von Ruhephasen und der Aufzucht von Jungtieren können besondere Haltungsbedingungen erforderlich sein.
Für *Testudo hermanni* geltende Hinweise werden im Anschluß aufgeführt und gelten ausschließlich für diese Art.

Spezielles für Landschildkröten

Für Landschildkröten wird überwiegend Freilandhaltung empfohlen, die Zimmerhaltung erfolgt bevorzugt zur Überwinterung oder bei ungünstiger Witterung; die Freilandanlage muß über Sonnenplätze, ein Schutzhaus und schattenspendende Gewächse verfügen.

Strahlungswärme
(wird mit 45 °C angegeben)

Natürlicher Lichteinfall oder künstliche Beleuchtung sind für alle Schildkröten notwendig, um den Tieren den Tag-Nacht-Rhythmus und jahreszeitliche Schwankungen zwischen Kurztag und Langtag zu signalisieren.
Im saisonalen Hauptaktivitätszeitraum der Schildkröten sollten die Tagestemperaturen von Luft/Wasser für die meisten Arten bei mindestens 23 °C bis 26 °C liegen.

Ruhephasen verbunden mit Lichtentzug und Temperaturabsenkung, im Extremfall Hibernation beispielsweise bei europäischen Landschildkröten, sind für viele Schildkrötenarten eine wesentliche Voraussetzung für eine Reproduktion.
Darüberhinaus hat lokale Strahlungswärme für viele Schildkröten eine hohe Bedeutung zur Erreichung einer optimalen Körpertemperatur.

Ernährung
(vorwiegend vegetarisch)

Vegetarische Nahrung kann aus Grünpflanzen, Obst, Getreideprodukten und anderem bestehen, manche Schildkröten nehmen auch animalische Nahrung an.

Terrariengröße

Als Mindestgröße eines Terrariums für *Testudo hermanni* wird eine Länge von 8 x Panzerlänge und eine Breite von 4 x Panzerlänge empfohlen. Das gilt für zwei adulte Exemplare.
Entsprechend dem Bewegungsdrang der Tiere wird in der Übersicht für die Behälterlänge ein mehrfaches der Panzerlänge des größten Tiers angegeben.
Die Terrarienbreite sollte etwa die Hälfte der Terrarienlänge betragen.
Für die dritte und vierte im gleichen Behälter gepflegte Schildkröte sollte zusätzlich mindestens 10 %, ab der fünften Schildkröte 20 % mehr Grundfläche zur Verfügung gestellt werden.

Angelockt von jungen Melonenpflanzen mußte diese *T. hermanni* mit ihrem Leben bezahlen. Sollen diese liebenswerten Kriechtiere der Nachwelt erhalten bleiben, muß deren Schutz im Ursprungsland erfolgen. Durch die Nachzucht kann jeder Schildkrötenliebhaber einen kleinen Teil zum Schutz und zur Erhaltung dieser Tiere beitragen.

Artenschutz

Bei der Griechischen Landschildkröte handelt es sich um eine von der Ausrottung bedrohte Art, deren Schutzwürdigkeit außer Frage steht. Wer sich diese Landschildkröte zulegt, muß dafür Sorge tragen, alle Kriterien für einen ordnungsgemäßen Erwerb und die artgerechte Haltung zu erfüllen. Schildkröten illegal als Urlaubsmitbringsel nach Deutschland einzuführen ist strikt untersagt und wird mit empfindlichen Strafen geahndet. Kaufen Sie auf keinen Fall Tiere auf Märkten der Ursprungsländer, um sie mit nach Hause zu nehmen oder in der Natur wieder auszusetzen. Wenn keine Nachfrage besteht, wird dieser Raubbau an der Natur vielleicht einmal ein Ende haben. Es gibt in der Europäischen Union genug Nachzuchttiere, die in jedem Fall Wildfangtieren vorzuziehen sind. Um jederzeit die Legalität ihrer Schildkröte nachweisen zu können, ist beim Erwerb einer Griechischen Landschildkröte unbedingt auf eine gültige Bescheinigung zu achten. Diese Bescheinigung kann eine CITES- Bescheinigung oder die neue EU-Bescheinigung sein. Diese EU- und CITES-Bescheinigungen sind behördliche Dokumente. CITES ist eine Abkürzung, die sich aus den Anfangsbuchstaben der englischen Bezeichnung von „Convention on International Trade in Endangered Species" zusammensetzt und auf der Grundlage des Washingtoner Artenschutzübereinkommens (WA) ausgestellt wird. Im WA wird der Handel mit vom Aussterben bedrohten Tier- und Pflanzenarten geregelt. Die neueren EU- Bescheinigungen besagen, daß es sich um ein Dokument der Europäischen Union handelt und ist in etwa einer CITES-Bescheinigung gleichzusetzen. Das Erwerben, der Verkauf und auch der Transport einer Griechischen Landschildkröte ohne eine der erforderlichen Bescheinigungen ist strafbar. Unwissenheit schützt auch hier nicht vor Strafe. Für die Griechische Landschildkröte besteht die Meldepflicht bei einer, für Ihren Wohnort zuständigen, Behörde. Die Stadtverwaltung oder das Landratsamt geben hierüber bestimmt Auskunft. In den meisten Bundesländern ist dies die „Untere Naturschutzbehörde". Hier muß der gesamte Bestand an

geschützten Schildkröten auf Meldebögen angemeldet werden und der Halter muß die legale Herkunft der Tiere nachweisen können. Neuzugänge oder Abgänge sind der zuständigen Behörde unverzüglich schriftlich unter Angabe des wissenschaftlichen und deutschen Artnamens, des Geschlechts, der Herkunft mit Namen und vollständiger Adresse sowie der Bescheinigungsnummer und des Zu- oder Abgangsdatums mitzuteilen. Außerdem ist für den Kauf, Verkauf oder Tausch von *Testudo hermanni* eine Vermarktungsgenehmigung erforderlich. Diese Vermarktungsgenehmigung ist bei der zuständigen Naturschutzbehörde vor der Abgabe der Tiere zu beantragen. Handelt es sich hierbei um Nachzuchttiere, wird diese in der Regel erteilt. Eine Vermarktung ohne diese Genehmigung stellt eine Straftat dar. Für nachgezüchtete Tiere, welche beim Terrarianer verbleiben, ist eine Bescheinigung nicht erforderlich. Diese Tiere müssen jedoch bei der zuständigen Behörde ordnungsgemäß gemeldet sein. Werden solche Tiere zu einem späteren Zeitpunkt doch abgegeben, ist vorher eine EU-Bescheinigung zur Vermarktung zu beantragen. Bis 1996 wurden in Deutschland CITES-Bescheinigungen ausgestellt. Ab 1997 werden die neuen EU-Bescheinigungen verwendet, die entweder zur einmaligen Vermarktung, oder als Züchterbescheinigung zu generellen Vermarktung ausgestellt werden können. Erwerben sie auf keinen Fall eine Griechische Landschildkröte ohne die erforderliche

Bescheinigung, denn es könnte sich um ein illegal eingeführtes Tier handeln.

Klimadaten

Die vom Autor in diesem Buch beschriebenen Erfahrungswerte und Haltungsvorschläge beziehen sich auf die in Passau herrschenden klimatischen Be-

dingungen. Diese können auf keinen Fall mit allen anderen in Deutschland bestehenden klimatischen Verhältnissen gleichgestellt werden. Der interessierte Schildkrötenpfleger hat die Möglichkeit, sich die Klimadaten seines Wohnorts aus einem Klimaatlas zu beschaffen. Hieraus können Klima-

🟦	**Absolutes Maximum der Temperatur**
🟪	**Mittleres Maximum der Temperatur**
🟧	**Mittlere Temperatur**
🟩	**Mittleres Minimum der Temperatur**
🟧	**Absolutes Minimum der Temperatur**

Seite 91 und Seite 92: Durch vergleichen der Temperaturkurven meines Wohnorts mit den Ursprungsgebieten der Griechischen Landschildkröte wird das hohe Wärmebedürfnis unserer Pfleglinge deutlich.

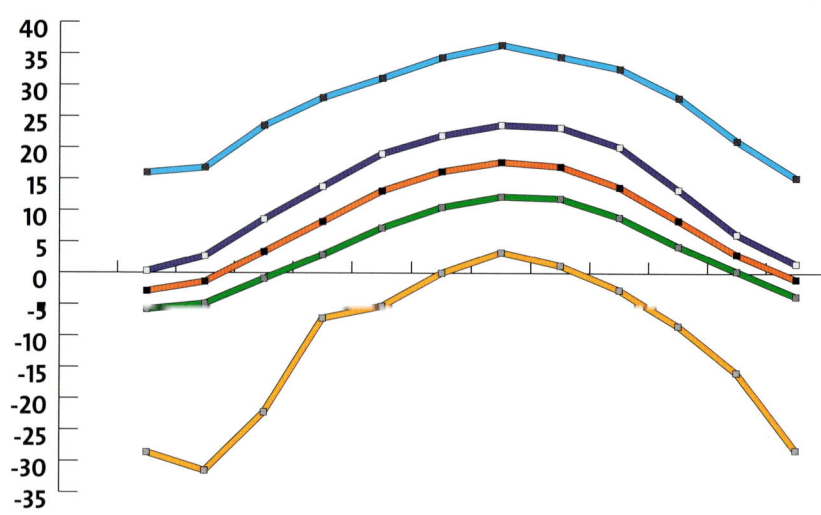

Passau, Deutschland, 409 m Höhe über NN

Patras, Griechenland, 43 m Höhe über NN

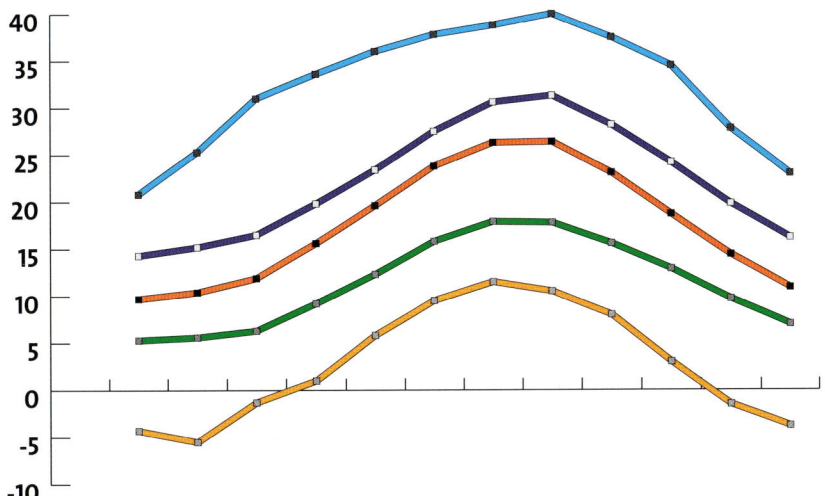

Alghero, Sardinien/Italien, 40 m über NN

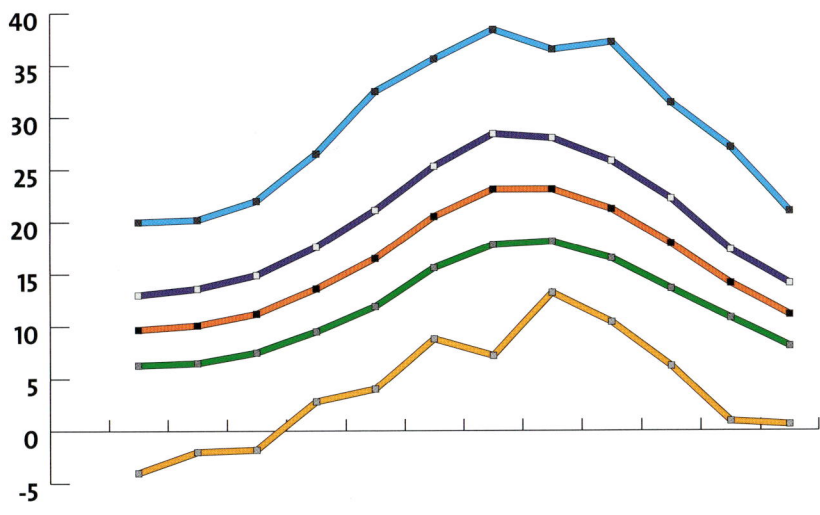

Werden diese Kurven der Niederschläge miteinander verglichen, wird die Notwendigkeit eines trockenen Unterschlupfs wie einer Schutzhütte deutlich.

Passau

Patras

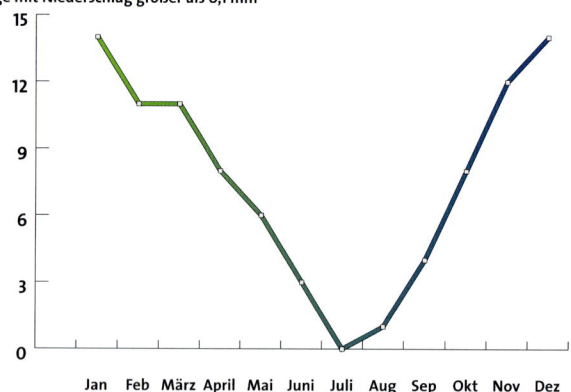

Alghero

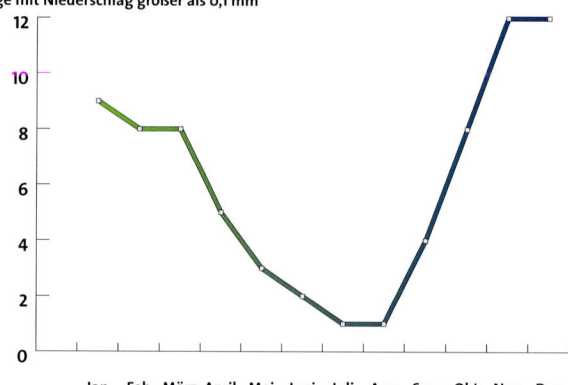

Passau

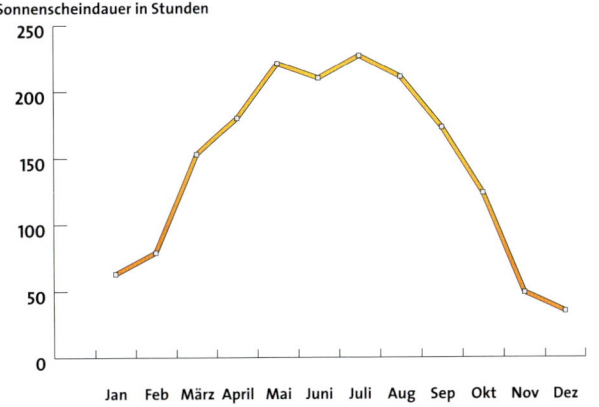

Patras

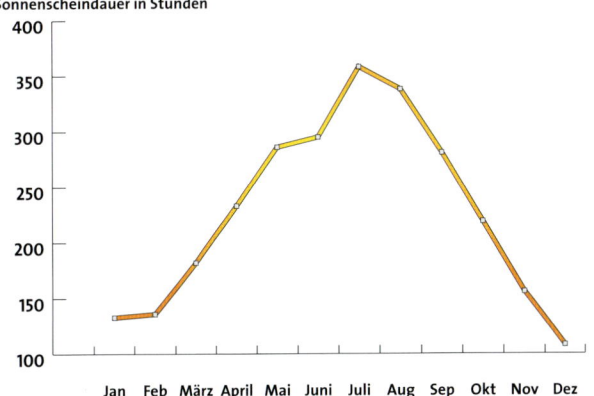

Alghero

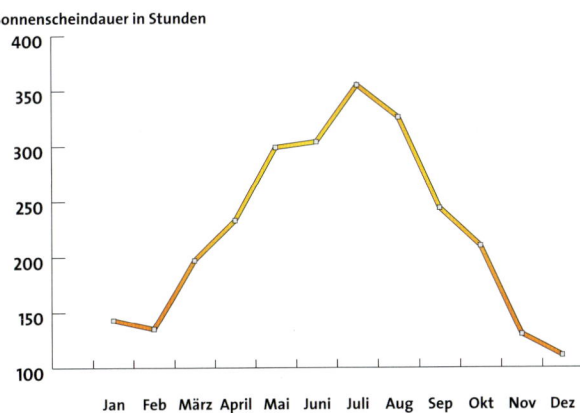

Das Verglei-
chen der Son-
nenscheidau-
er im Laufe
eines Kalen-
derjahrs läßt
ein erheb-
liches Defizit
an Sonnen-
stunden in
unseren Brei-
ten erkennen.
Darum muß
den Panzer-
trägern jede
Möglichkeit
zum Sonne-
tanken
geboten
werden.

daten von den Ursprungsländern unserer Schildkröten, welche für eine erfolgreiche Haltung und Vermehrung der Griechischen Landschildkröte von großem Nutzen sind, gewonnen werden. Der Autor möchte die zur Pflege wichtigsten Klimadaten seiner Heimatstadt Passau, Deutschland, mit Patras, Griechenland, und Alghero, Sadinien, vergleichen. Alle Temperaturdaten werden in Grad Celsius und die Sonnenscheindauer in Stunden angegeben.

Werden diese für das Wohlbefinden unserer Panzerträger äußerst wichtigen Klimadaten miteinander verglichen, so wird sich jeder vorstellen können, wie wichtig Wärme in Verbindung mit Soneneinstrahlung für un-

sere Pfleglinge ist. Allein die jährliche Sonnenscheindauer ist in Patras um 1000 Stunden und in Alghero um 962 Stunden länger. Darum muß unseren Schildkröten jede Möglichkeit eingeräumt werden, so viel natürliches Sonnenlicht wie möglich aufnehmen zu können.

Vergleichen Sie die in den Kurven gezeichneten Klimadaten der natürlichen Vorkommensgebiete, mit denen Ihres Wohnorts. Hieraus ist zu erkennen, daß hochsommerliche Temperaturen in unseren gemäßigten Breiten, bestenfalls mit den im Frühsommer oder Herbst vorherrschenden Temperaturen in den Ursprungsländern verglichen werden können.

Testudo hermanni boettgeri inmitten blühender Orchideen im natürlichen Lebensraum auf dem Peloponnes.

Empfehlenswerte Literatur

BASILE, I. A. 1989. Faszinierende Schildkröten, Landschildkröten. Stuttgart.

HENKEL, F. W., SCHMIDT, W. 2008: Terrarien bauen und einrichten. Verlag Eugen Ulmer, Stuttgart

KIRSCHE, W. 1997. Die Landschildkröten Europas. Melle.

MÜLLER, M. J. 1996. Handbuch ausgewählter Klimastationen der Erde. 5. Aufl. Forschungsstelle Bodenerosion der Universität Trier. Mertesdorf, Ruwertal.

MÜLLER, V. & SCHMIDT, W. 1995. Landschildkröten. Münster.

NÖLLERT, A. 1992. Landschildkröten. 2. Aufl. Hannover.

POLASCHEK, G. & K. 1997. Die Griechische Landschildkröte. Eichgraben, Österreich.

PRASCHAG, R. 2005: Landschildkröten. Verlag Eugen Ulmer, Stuttgart.

PRICHARD P.C.H. 1979. Encyclopedia of turtles, T.F.H. Publications INC, Neptune, N.J. USA

ROGNER, M. 2008: Schildkröten. Verlag Eugen Ulmer, Stuttgart.

RUDLOFF, M. W. 1990. Vermehrung von Terrarientieren, Schildkröten. Leipzig, Jena, Berlin.

Fachzeitschriften

elaphe, DGHT, Rheinbach

herpetofauna, Zeitschrift für Amphibien- und Reptilienkunde, Weinstadt.

Reptilia, Terraristik-Fachmagazin, Münster.

Salamandra, DGHT, Rheinbach.

Sauria, Terraristik & Herpetologie, Berlin.

Schildkröte, Fachmagazin. HERSCHE, H. Rothenfluh, Schweiz.

Schildkröten, nicht rein wissenschaftliches Fachmagazin, VOGEL, S. & L. STAACKMANN, Linden.

Schildkrötenvideos

Der Autor möchte auf die von Herrn Karl-Heinz REISER hergestellten Videofilme aufmerksam machen. Diese in mühevoller Kleinarbeit hergestellten Filme sind mit Sicherheit eine interessante Bereicherung für jeden wirklichen Schildkrötenfreund. Es werden alle europäischen Arten, sowie häufig gepflegte und auch seltene außereuropäische Arten in Wort und Bild vorgestellt. Bilder aus den natürlichen Lebensräumen in Griechenland, Italien und auf Sardinien tragen zu einem besseren Verständnis der von unseren Pfleglingen geforderten Ansprüchen bei. Die Artenbeschreibungen sowie die Zucht und das Schlüpfen der Jungtiere und deren Aufzucht werden ausführlich dargestellt. Für Interessierte sind die Videocassetten (VHS) direkt beim Hersteller unter der Telefonnummer 0851/53285 zu beziehen.

DGHT, Deutsche Gesellschaft für Herpetologie und Terrarienkunde e. V. Geschäftsstelle,
Postfach 1421, 53351 Rheinbach, Deutschland
AG Schildkröten
Bernd Wolff
E-Mail: ag-schildröten@dght.de

Hier können Sie weiterlesen.

Schildkröten. Biologie, Haltung, Vermehrung. M. Rogner. 2008. 160 Seiten, 119 Farbfotos, 13 Zeichn., geb. ISBN 978-3-8001-5440-1.

Landschildkröten. R. Praschag. 2. Aufl. 2005. 95 Seiten, 54 Farbfotos, 10 Zeichn., geb. ISBN 978-3-8001-4916-2.

Breitrandschildkröten. G. Mirlach. 2009. 96 Seiten, 80 Abb., geb. ISBN 978-3-89860-156-6.

Taschenatlas Schildkröten. 111 Arten im Porträt. M. Rogner. 2009. 128 Seiten, 114 Fotos, kart. ISBN 978-3-8001-5866-9.

www.ulmer.de